冒険で学ぶ
はじめてのプログラミング

鈴木 遼
Suzuki Ryo

技術評論社

【免責】

本書に記載された内容は、情報の提供のみを目的としています。したがって、本書を用いた運用は、必ずお客様の責任と判断によって行ってください。これらの情報の運用の結果について、技術評論社および著者はいかなる責任も負いません。

本書記載の情報は、2018年7月1日現在のものを掲載していますので、ご利用時には、変更されている場合もあります。

また、ソフトウェアはバージョンアップされる場合があり、本書での説明とは機能内容や画面などが異なってしまうこともあり得ます。

以上の注意事項をご承諾いただいた上で、本書をご利用願います。これらの注意事項をお読みいただかずに、お問い合わせいただいても、技術評論社および著者は対応しかねます。あらかじめ、ご承知おきください。

【商標、登録商標について】

本文中に記載されている製品の名称は、一般に関係各社の商標または登録商標です。なお、本文中では、™、®などのマークを省略しています。

はじめに

遊ぶだけではつまらないあなたへ

ソフトウェア

　あなたが使っているコンピューターやスマートフォンには、友達との情報交換や写真の共有に便利なアプリや、ついつい夜遅くまでプレイしてしまうゲームがいくつも入っていることでしょう。このような、デジタル機器で操作したり遊んだりできるもののことを「ソフトウェア」といいます（※1）。どんなに値段が高くて高性能なコンピューターやスマートフォンでも、ソフトウェアがなければ私たちは何もすることができません。ソフトウェアはデジタル機器に命を吹き込む魔法なのです。

　ソフトウェアは私たちの目に見えないところでも活躍しています。テレビや映画できれいな映像を表示する技術や、自動車が安全に効率よく運転できるための制御、難病を直すための新しい薬の成分の発見、地球から遠く離れた星で生命の痕跡を探索するロボットの操縦など、ありとあらゆる分野でソフトウェアが使われています。21世紀の世界で、私たちの生活をより良くしたり、科学を前進させたりするために、ソフトウェアの技術はもはや欠かせないものになっています。

プログラミング

　ソフトウェアはだれでも作れるものなのでしょうか。答えは「Yes」です。ソフトウェアを作ることは、料理のレシピを書くことと似ています。つまり、コンピューターやスマートフォンやロボットに、何を使って、どういう手順で、どういう作業をしてほしいかを伝えることが、ソフトウェア開発の基本的な考え方です。ソフトウェアの世界では、このレシピのことを「プログラム」といい、レシピを書くことを「プログラミング」といいます。ソフトウェアを作れるようになるためには、プログラミングの方法を学ぶ必要があります。

プログラミング言語

　プログラミングをするときは、ふだん私たちが話をするときとは違った言

語を使います。ためしに、この本の真ん中あたりのページをめくってみましょう。英語の単語と記号と数字がならんでいます。これがプログラミングをするときに使う「プログラミング言語」です。人間はふだんの会話で聞き間違いをしたり、頼まれた仕事を忘れてしまったりすることがありますが、コンピューターは正確なプログラミング言語で書かれたプログラムであれば、いつでも正しく理解し、仕事をさぼったり忘れたりすることはありません。プログラミング言語を使ってコンピューターと対話をすることで、あなたの思いどおりの仕事や作業を、優秀な助手であるコンピューターに手伝ってもらうことができるのです。

C++

　私たちの世界にさまざまな言語があるように、ソフトウェアの世界にも数多くのプログラミング言語があります。例えば、昔は今よりもずっと小さな容量と性能のコンピューターに適した言語が使われていました。最近ではインターネット上のサービスを作るのが得意な言語や、同時にたくさんの計算装置を制御する並列処理性能に力を入れた言語、小学生でも学べるように絵やブロックでプログラムが作れる言語など、目的や使用者、コンピューターの性能、開発方法論の発展と拡大に応じてさまざまなプログラミング言語が考案されてきました。

　この本で扱うのは「C++（シー・プラス・プラス）」というプログラミング言語です。C++ を発明したのはデンマーク生まれのコンピューター科学者、Bjarne Stroustrup（ビャーネ・ストラウストラップ）博士で、彼は1983年に最初の C++ を発表しました。その後多くの専門家によって C++ は進化や改良が重ねられ、現在でも新しい機能が活発に議論、実装されています。

C++ の特徴

　C++ はコンピュータの性能を最大限に引き出す大規模なソフトウェアの開発が得意で、世界中のコンピューターやスマートフォン、ゲーム機や家電、工場や研究所で動くソフトウェアの開発に使われている本格的なプログラミング言語の１つです。世界のプログラミング言語の人気ランキングでも長年上位にランクインしています (※2)。私たちがよく耳にする Windows や Google Chrome、Photoshop やゲームエンジン Unity などの有名なソフトウ

はじめに

ェアも大部分がC++のプログラムで作られています。最近登場している新しいプログラミング言語も、C++と構造が似ていたり、一部の文法が共通していたりするものが多くあります。C++の基本を知ることは、あなたの将来の学習や仕事に必ず役に立つでしょう。

この本のねらい

この本は、世界の未来を切り開いていくあなたに、新しいソフトウェアを作り出す技術を授けます。プログラミングをまったく知らなかった方でも、読みはじめると、家族や友達に遊んでもらえるようなソフトウェアを作れるようになります。そして、自分の作ったソフトウェアが、まわりの人たちに「面白い！」「便利だ！」と言ってもらえるうれしさを味わうことでしょう。やがて、ソフトウェアを使ったり遊んだりすることよりも、作ることのほうが断然おもしろいと思うようになるかもしれません（筆者もその一人です）。

冒険づくりの冒険へ

あなたがこの本で取り組むのは、12歳の少年プラスが冒険する世界に、謎解きや戦略、困難やよろこびをプログラミングで用意することです。いじわるなダンジョンを作ることもできます。絶対に勝てないような勝負に挑ませることもできます。それでも主人公のプラスはくじけずに挑戦してくれます。ページをめくるたび、プラスと一緒にあなた自身もレベルアップする。そんな「冒険づくり」の冒険が始まります！

※1　ソフトウェアの中でも、とくに私たちが直接使うような機能を提供するものを「アプリケーション・ソフトウェア（アプリ）」といいます。アプリの代表例がゲームですが、ゲームの世界を液晶画面上に描いたり、ゲームのスコアを世界中のプレイヤーと共有するときには、ゲームのほかにも表示や通信のためのソフトウェアが縁の下で働いています。私たちはふだん意識していませんが、アプリはこうした何十、何百もの見えないソフトウェアの上に成り立っているのです。

※2 参考
- The RedMonk Programming Language Rankings: June 2017 https://redmonk.com/sogrady/2017/06/08/language-rankings-6-17/
- IEEE Spectrum The 2017 Top Programming Languages https://spectrum.ieee.org/computing/software/the-2017-top-programming-languages
- TIOBE Index https://www.tiobe.com/tiobe-index/

目次

はじめに 3
本書の構成 12

プロローグ 小さな村の大騒動
～東の辺境 トレモロ村～
13

■ 初めてのC++プログラムを動かそう 14
　C++プログラミングをはじめる準備 14
　WindowsでC++プログラミングをはじめる 15
　macOSでC++プログラミングをはじめる 24
　WebサイトでC++プログラミングをはじめる 30

第1話 城塞都市への道
～アルト平原東部～
35

■ 主人公の自己紹介画面をデザインしよう 36
　Unit 01　セリフを用意する 36
　Unit 02　複数のセリフを用意する 37
　Unit 03　セリフを表示する準備 38
　Unit 04　セリフを表示する 39
　Unit 05　セリフを改行する 40
　Step up　自己紹介 41
　ダンジョンのうらみち　std::endlって必要？ 43

第2話 「冒険者」の認定試験
～城塞都市アルト 衛兵第二訓練所～
45

■ 冒険者の試験を突破しよう … 46

- Unit 06 セリフを連続させる … 46
- Unit 07 数を表示する … 47
- Unit 08 足し算と引き算 … 48
- Unit 09 かけ算と割り算 … 49
- Unit 10 割り算の注意 … 50
- Unit 11 あまりを求める … 51
- Unit 12 計算の順序 … 51
- Unit 13 コメントの書き方 … 52
- Step up 冒険者の試験 … 53

ダンジョンのうらみち エスケープ文字 … 55

第3話 巷で話題の回復薬
～城塞都市アルト 冒険アイテム専門店バイエルン～
57

■ アイテム屋で商品を買う場面を作ろう … 58

- Unit 14 数に名前をつける … 58
- Unit 15 変数の値を途中で変える … 60
- Unit 16 複数の変数を作る … 61
- Unit 17 数を入力する … 62
- Step up アイテムショップ … 64

ダンジョンのうらみち 変数の名前のルール … 65

第4話 城下町で情報収集
～城塞都市アルト 大衆酒場アルトハンゼ～
67

■ 主人公が町の人と会話をする場面を作ろう … 68

- Unit 18 数を比べる … 68
- Unit 19 条件を書く … 69

Unit 20	条件に応じて違うことをする	70
Unit 21	さらに条件を追加する	71
Unit 22	数が同じか違うかを調べる	73
Unit 23	計算結果を調べる	75
Unit 24	文章をあつかう	76
Step up	城下町の探検	77
ダンジョンのうらみち	空白で入力を区切らないようにするには	78

第5話 戦闘！モンスター！
〜アルト平原北部〜
81

■ 主人公がモンスターと戦う場面を作ろう　82

Unit 25	数を増やしたり減らしたりする	82
Unit 26	数をかけたり割ったりする	83
Unit 27	1ずつ変化させる	84
Unit 28	くりかえしと終わり	84
Step up	モンスターとのバトル	85
ダンジョンのうらみち	++と--の前置、後置の違い	87

第6話 炎の洞窟、危機一髪！
〜ラーハン火山 坑道跡〜
89

■ ダンジョンのトラップを攻略しよう　90

Unit 29	決まった回数だけくりかえす	90
Unit 30	いろいろなくりかえし	93
Unit 31	ストップする準備	94
Unit 32	決まった時間だけストップする	95
Step up	炎の抜け道の攻略アイテム	96
ダンジョンのうらみち	時間リテラル	98

第7話 大海原の大砲ゲーム
～キーレ湾 ラルゴ岬砲台跡～ · · · · · · 99

■ 大砲ゲームのルールを設計しよう · · · · · · 100

- Unit 33　条件を組み合わせる · · · · · · 100
- Unit 34　どちらかの条件 · · · · · · 101
- Step up　大砲ゲームの商品は？ · · · · · · 102
- ダンジョンのうらみち　if (0 < i < 10) はダメ · · · · · · 103

第8話 宿屋の主人は占い師！？
～カランド村郊外 民宿アルカナ～ · · · · · · 105

■ 冒険の未来を宿屋の主人に占ってもらおう · · · · · · 106

- Unit 35　ランダムな数 · · · · · · 106
- Unit 36　もっとランダムな数 · · · · · · 107
- Unit 37　ランダムな数の範囲 · · · · · · 109
- Unit 38　複数のランダムな数の範囲 · · · · · · 110
- Unit 39　ランダムな選択肢 · · · · · · 111
- Unit 40　確率のプログラム · · · · · · 112
- Step up　主人公の運命は？ · · · · · · 113
- ダンジョンのうらみち　古いrand()の欠点 · · · · · · 114

第9話 大豊作のスイカ畑
～カランド村 スイカ畑～ · · · · · · 117

■ 特産品の収穫作業を手伝おう · · · · · · 118

- Unit 41　小数をあつかう · · · · · · 118
- Unit 42　小数を入力する · · · · · · 119
- Unit 43　小数と整数の計算 · · · · · · 119
- Unit 44　たくさんの数を記録する · · · · · · 120
- Unit 45　すべての値を調べる · · · · · · 121
- Unit 46　たくさんの数を記録する（double型） · · · · · · 122

Unit 47	すべての値を調べる（double 型）	123
Unit 48	集計する	124
Step up	スイカの集計	125
ダンジョンのうらみち	小数第何桁まで表示するか	126

第10話 スイカ安いか買わないか
～カランド村 中央広場～
129

■ 市場での買い物の場面を作ろう 130

Unit 49	たくさんの文章を記録する	130
Unit 50	すべての文章を調べる	131
Unit 51	記録を調べる	131
Unit 52	記録の位置を表す型	132
Unit 53	入力から記録を調べる	133
Step up	名産品の屋台	134
ダンジョンのうらみち	まちがった入力に対応する	136

第11話 黄金のスイカ奪われる！
～カランド村 郊外の森～
139

■ 村のマップを作ろう 140

Unit 54	文字を表す型	140
Unit 55	配列の中に配列を入れる	142
Unit 56	二重のくりかえし	142
Step up	村への侵入マップ	143
ダンジョンのうらみち	char 型で表現できる文字	145

第12話 プラスの剣術教室
～カランド村 南地区～
147

- ■ 村の子ども達に剣術のけいこをつけよう 148
  - Unit 57 攻撃のかけ声 148
  - Unit 58 全力パワー 149
  - Unit 59 敵を知る 150
  - Unit 60 攻撃をはね返せ 151
  - Unit 61 逃げるか戦うか 152
  - Unit 62 明かりをつけろ 153
  - Unit 63 回復薬が効かない 155
  - Unit 64 うまく逃げ切れた? 156
  - Unit 65 くりかえし攻撃 158
  - Unit 66 占いの準備 159
  - Unit 67 不吉な占い 160
  - Unit 68 小さくなったスイカ 162
  - Unit 69 手紙 164
  - Unit 70 森へのマップ 165
  - ダンジョンのうらみち プログラムのミスを減らすには 168

ステップアップ解答例 172

おわりに 179
索引 180

本書の構成

■ ストーリー

プロローグと12個の章が用意されています。各章の冒頭には、主人公が訪れる物語の舞台の説明があります。

■ Unit

各章にはUnit（ユニット）が複数用意されています。冒険づくりに活用できる新しいプログラミングの知識を、お手本のプログラムと解説を通して学びます。

■ Step up

各章の最後には、Unitで学んだことを生かしてオリジナルの冒険の物語を作るStep up（ステップアップ）チャレンジが用意されています。わからないことがあったら、少し前のUnitに戻って復習してみましょう。

■ ダンジョンのうらみち

C++プログラミングに関するマニアックな知識を紹介するコラムです。やや難しい内容も含まれているので、冒険を進めてレベルアップしてから立ち寄ってみるのもいいでしょう。

小さな村の大騒動
東の辺境 トレモロ村

「旅に出たい。学びたい。強くなりたい。そう思ったら迷わず踏み出すがよい。何かをしたいと欲する気持ちは、心の深淵で慎重に議論を重ねた結果なのじゃ」

——長老の言葉に背中を押され、ブラスはまだ見ぬ世界へと旅立つ。トレモロ村に暮らす12歳の少年ブラスが「冒険に出る」と唐突に宣言したのは、畑のカボチャがぽこぽこと芽吹き始めた季節であった。自分の生まれた村で一生を過ごすという慣習はもう過去のこと。モンスターの脅威が少なくなった今では、世界各地の町を旅して好きな生き方を見つける若者が増えているのだ。それでも、まだ子どもっぽさの抜けない少年の一人旅に関しては、心配する村の人と、応援する人との言い争いがおさまる気配がなく、村が分裂の危機を迎える前に、ブラスは慌てて出発せざるをえなかった。

初めてのC++プログラムを動かそう

このストーリーでは、C++プログラミングに必要なツールをパソコンに準備します。このストーリーを終えると、あなたのパソコンでいつでも簡単にC++プログラミングができるようになります。

C++プログラミングをはじめる準備

初めてC++プログラミングをする場合、必要なツールのダウンロードとインストールに10〜30分程度かかります。この準備が終われば、それ以降はいつでもすぐにC++プログラミングを楽しめるようになります。準備の手順は使っているパソコンの種類によって異なります。

∾ Windowsの場合

Windows 7やWindows 8.1、Windows 10のパソコンでC++プログラミングをする場合は「Visual Studio Community 2017（ビジュアル・スタジオ・コミュニティ 2017）」を使うのが便利です。これは世界中のプロのソフトウェア開発者が使っている「Visual Studio」というプログラミングツールの無料版です。個人や少人数での開発であれば、Visual Studioの有料版と同じ機能を無料で無制限に使えます。

あなたのパソコンがWindowsの場合は「WindowsでC++プログラミングをはじめる」（P.15）へ進んでください。

∾ macOSの場合

MacBookやiMacなどmacOSのパソコンでC++プログラミングをする場合は「Xcode（エックスコード）」を使うのが便利です。これはアップル社が提供している、アプリケーションを開発するための無料ツールです。

あなたのパソコンがmacOSの場合は「macOSでC++プログラミングをはじめる」（P.24）へ進んでください。

～ それ以外の場合

AndroidタブレットやiPad、ChromebookなどのデバイスでC++プログラミングをする場合は、WebサイトでC++のプログラムを書いて実行できるサービスを利用するのが便利です。「WebサイトでC++プログラミングをはじめる」（P.30）へ進んでください。

> インストールの画面や操作方法は、将来の製品では変わるかもしれない。最新情報をWebサイト：siv3d.jp/start-cppで紹介しているよ

WindowsでC++プログラミングをはじめる

ここからは、WindowsのパソコンでC++プログラミングをはじめる手順を説明します。大まかな流れは次のとおりです。

❶ Visual Studioをインストールする
❷ Visual Studioで新しいプロジェクトを作る
❸ プロジェクトにC++ファイルを追加する
❹ 最初のC++プログラムを動かす

❶ Visual Studioをインストールする

「Visual Studio ダウンロード」というキーワードでWeb検索をするか、「www.visualstudio.com/downloads」へアクセスして、Visual Studioのダウンロードページを開きます。Visual Studoにはいくつかのバージョンや関連ツールがありますが、初めてのC++プログラミングには「Visual Studio Community」が最適です。選択肢から「Visual Studio Community 2017」を選び、インストールのためのファイル（インストーラー）をダウンロードします。

ダウンロードしたインストーラーを実行すると、インストールするプログラミング言語や開発ツールを選択する次のような画面が出てきます。インストール項目の選択画面から「C++によるデスクトップ開発」を選択します。

今回はC++プログラミングに必要なツールだけをインストールします。「C++によるデスクトップ開発」という大きなブロックを選択すると、右側にいくつかチェックマークが現れます。その状態のまま右下の「インストール」ボタンを押せば、C++プログラミングに必要な最小限のツールのインストールがはじまります。インストールする項目はあとでも追加や変更ができるので、ほかのプログラミング言語やツールに興味を持ったときもこのインストーラーを使います。

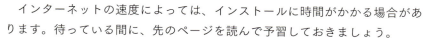

インターネットの速度によっては、インストールに時間がかかる場合があります。待っている間に、先のページを読んで予習しておきましょう。
　次のような画面が出てきたらインストールは完了です。パソコンの再起動を求められることがあるので、その場合はしたがいましょう。

▼インストール完了画面

❷ **Visual Studioで新しいプロジェクトを作る**

Visual Studioを起動すると、次のような大きなウィンドウが出てきます。

▼Visual Studioを起動した直後の画面

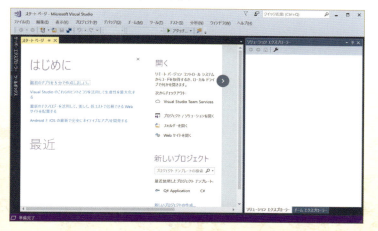

Visual Studioでは、プログラミングをするときに使うファイルをまとめて「プロジェクト」といいます。プログラミングはプロジェクトを作ることからはじまります。画面上部のメニューから「ファイル」をクリックし、「新規作成 → プロジェクト」を選択します。

　「プロジェクト」をクリックすると、新しく作るプロジェクトの種類を選択する画面が出てきます。この本では、何もないまっさらな状態から、文字の入力や表示を行うプログラムを作ります。そのために「Windows デスクトップ ウィザード」からプロジェクトを作ります。画面左のVisual C++のリストにある「Windows デスクトップ」を選択し、画面中央のリストから「Windows デスクトップ ウィザード」を選択します。画面の下でプロジェクトの名前や保存場所を変更できます。名前は最初から表示されているものを使っても構いません。設定できたら「OK」を押します。

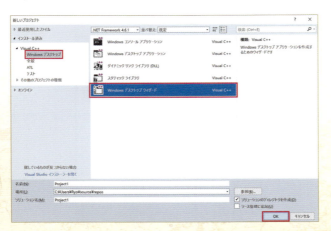

「Windowsデスクトップ プロジェクト」の設定画面が現れます。ここで「空のプロジェクト」にチェックを入れて次のような設定にしてから「OK」を押すと、プロジェクトの作成は完了です。

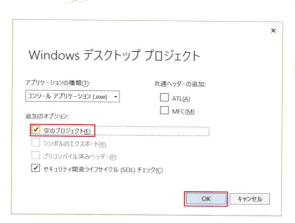

プロジェクトの作成が完了すると「ソリューション エクスプローラー」が画面に表示されます。出ない場合は画面上部の「表示」メニューから「ソリューション エクスプローラー」を押してください。

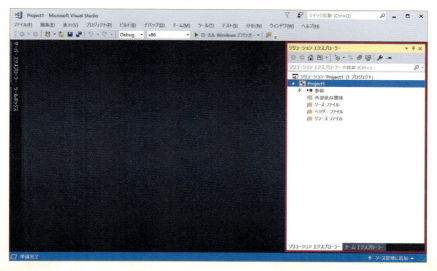

❸ プロジェクトにC++ファイルを追加する

ソリューション エクスプローラー上の■というアイコンの付いたプロジェクト名の項目を右クリックし、「追加 → 新しい項目」を選択します。

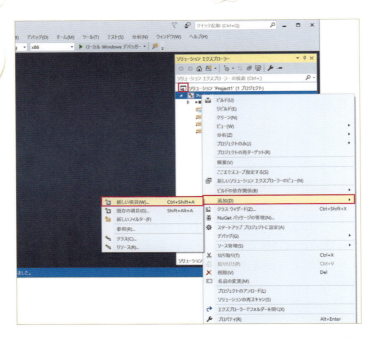

「新しい項目の追加」画面で「C++ファイル」を選択して「追加」を押すと、プログラムを書く画面が出てきます。

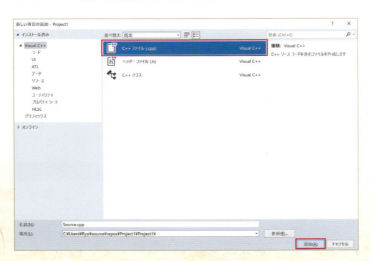

▼プログラムを書く画面

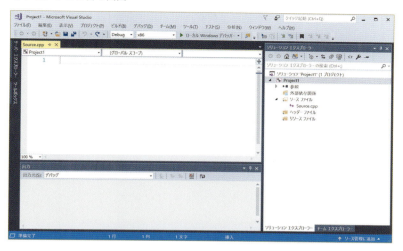

❹ 最初のC++プログラムを動かす

次のお手本にしたがって、最初のC++プログラムを書いてみましょう。これはC++で一番短いプログラムで、何も起こらないプログラムです。これから先のストーリーでは、`int`（イント）と`main`（メイン）につづく`{ }`（波かっこ）の中に新しいプログラムを加えていくことで、いろいろなことができるようになります。

```
int main()
{

}
```

`int`などの英語や、`( )`（かっこ）の記号をキーボードで入力するときは「半角英数モード」を使います。C++のプログラムでは、日本語の文章を書くときをのぞいて、いつも半角英数入力モードを使います。半角と全角は文字の横幅が違います。半角と全角のアルファベットや数字、記号の違いを見てみましょう。

▼半角文字と全角文字の違い

	アルファベット	数字	記号
全角の文字	ＡＢＣａｂｃ	１２３４５６	＋－"，；
半角の文字	ABCabc	123456	+-",;

　お手本のプログラムが書けたら、さっそくプログラムを動かしてみましょう。C++のプログラムを動かすには、まずプログラムをコンピューター用の機械語に変換する「ビルド」と、ビルドした機械語のデータにもとづいて実際にコンピューターに仕事をしてもらう「実行」という手順を踏みます。Visual Studioでは、「デバッグ」メニューから「デバッグなしで開始」を押すだけで、プログラムのビルドと実行を同時に行えます。

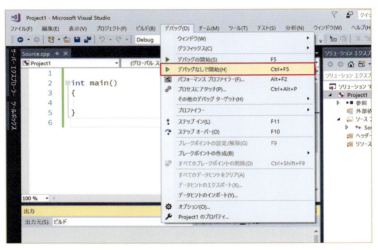

　初めてビルドをするときには右のようなメッセージが出てきます。毎回表示されると面倒なので、「今後このダイアログを表示しない」にチェックを入れて「はい」を選択しましょう。

次のような黒い画面が出て「続行するには何かキーを押してください...」と表示されれば、ビルドと実行は成功です。この黒い画面は「出力画面」といいます。プログラムで文章を表示させた場合は、ここに結果が出てきます。今回は何も表示はしていません。適当なキーを押すか、ウィンドウの閉じるボタンを押して出力画面を閉じましょう。

　英語のスペルを間違えたり、半角スペースを忘れたり、コンピューターに伝わらないプログラムを書いてしまった場合は、次のような赤い波線や「ビルドエラー」のメッセージが表示されます。その場合は、正しい英単語や空白、記号が使われているか、もう一度見直しましょう。例えば次のプログラムは、`int` と `main` の間に半角スペースを入れ忘れているため、コンピューターがビルドエラーといっています。ここでは「いいえ」を選択してください。

▼赤い波線

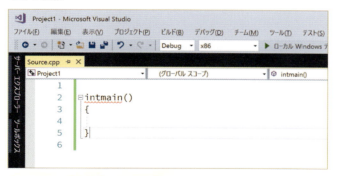

▼ビルドエラー画面

ビルドに成功したら、すべての準備は完了です。次回以降Visual Studioを起動するときには、新しいプロジェクトを作らず、今回作ったプロジェクトを開くことで手間を減らすことができます。

　それでは、第1話に進み、冒険の世界の設計をはじめましょう。

macOSでC++プログラミングをはじめる

　ここからは、macOSのパソコンでC++プログラミングをはじめる手順を説明します。大まかな流れは次のとおりです。

❶ Xcodeをインストールする
❷ Xcodeで新しいプロジェクトを作る
❸ サンプルC++プログラムを動かす
❹ 自分で書いたC++プログラムを動かす

❶ Xcodeをインストールする

　まず、C++プログラミングのための開発ツール「Xcode」をApp Storeからインストールします。

初めてのC++プログラムを動かそう

インストール状況が「インストール中」から「開く」に変わるのを待ちます。インターネットの速度によっては、インストールに時間がかかる場合があります。待っている間に、先のページを読んで予習しておきましょう。

インストールの状態が「インストール中」から「開く」に変わればインストールは完了です。「開く」を押してXcodeを起動しましょう。

初めて起動するときに次のような画面が出ることがあります。「Install（インストール）」を押してください。

❷ Xcodeで新しいプロジェクトを作る

Xcodeを起動すると、次のようなウェルカム画面が出てきます。Xcodeでは、プログラムの集まりのことを「プロジェクト」と呼びます。プログラミングはプロジェクトを作るところからはじまります。ここでは「Create a new Xcode project（クリエイト・ア・ニュー・エックスコード・プロジェクト：新しいXcodeプロジェクトを作る）」を選択します。

プロローグ 小さな村の大騒動 〜東の辺境 トレモロ村〜

25

どのようなアプリケーションを作るかを選択する画面が出てきます。この本では、文字の入力や表示を行うアプリケーションであるmacOS（マックオーエス）のCommand Line Tool（コマンドラインツール）のプロジェクトでプログラムを作ります。macOSのApplicationリストにある「Command Line Tool」を選択して「Next（ネクスト：次へ）」を押します。

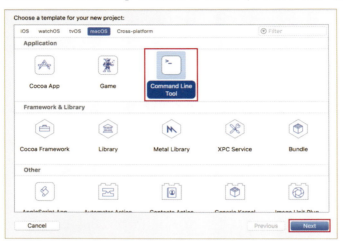

　プロジェクトの名前を決め、Language（ランゲージ：言語）を「C++」にして「Next」を押します。

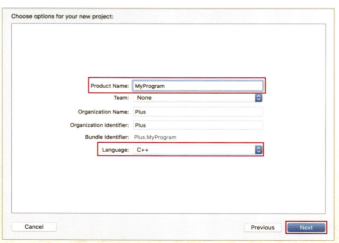

　プロジェクトを保存する場所を決めて「Create（クリエイト）」を押します。

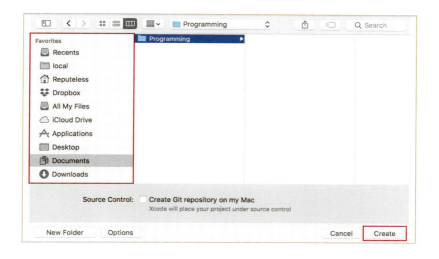

❸ サンプルC++プログラムを動かす

プロジェクトの最初の状態の画面が出てきます。

▼プロジェクトの初期画面

左側のメニューにある「main.cpp(メイン・ドット・シーピーピー)」をクリックすると、あらかじめ用意されているサンプルのC++プログラムが出てきます。

　このサンプルプログラムを動かしてみましょう。C++のプログラムを動かすには、まずプログラムをコンピューター用の機械語に変換する「ビルド」と、ビルドした機械語のデータにもとづいて実際にコンピューターに仕事をしてもらう「実行」という手順を踏みます。Xcodeでは、画面左上にある右向き三角▶を押すと、プログラムのビルドと実行を同時に行います。

　▶を押したあと、画面下の少し右の領域に「Hello, world!（ハロー・ワールド！）」と、プログラミングの世界へのあいさつが表示されれば成功です。このあいさつの文章が表示されている領域を「出力画面」といいます。プログラムで文章を表示させると、ここに結果が出てきます。

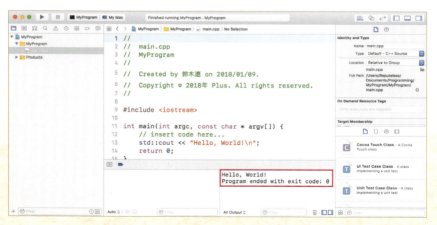

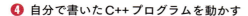

❹ 自分で書いたC++プログラムを動かす

　今度は自分の力でプログラムを書いてみましょう。次のお手本にしたがって、画面に出ているプログラムを書きかえます。これはC++で一番短いプログラムで、何も起こらないプログラムです。これから先のストーリーでは、`int`（イント）と`main`（メイン）につづく`{ }`（波かっこ）の中に新しいプログラムを加えていくことで、いろいろなことができるようになります。

```
int main()
{

}
```

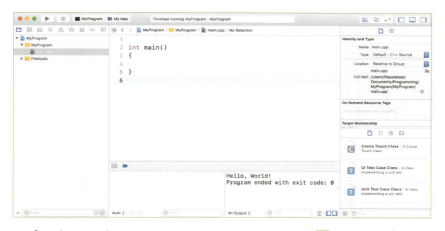

　プログラムを書きかえたら、さきほどと同じように▶を押してプログラムを動かします。今回は何もメッセージを表示しないプログラムなので、出力画面は出てきません。代わりに「Build Succeeded（ビルド成功）」というメッセージが出てくれば、ビルドは成功です。

　英語のスペルを間違えたり、半角スペースを忘れたり、コンピューターに伝わらないプログラムを書いてしまった場合は、赤い「！」マークと、ビルドに失敗したことを表す「Build Failed（ビルド失敗）」のメッセージが表示されます。その場合は、正しい英単語や空白、記号が使われているか、もう一度見直しましょう。

▼ビルドが成功したとき

　例えば次のプログラムは、`int` と `main` の間に半角スペースを入れ忘れているため、コンピューターがビルドエラーといっています。

▼ビルドが失敗したとき

　ビルドに成功したら、すべての準備は完了です。次回以降Xcodeを起動するときには、新しいプロジェクトを作らず、今回作ったプロジェクトを開くことで手間を減らすことができます。
　それでは、第1話に進み、冒険の世界の設計をはじめましょう。

WebサイトでC++プログラミングをはじめる

　ここからは、AndroidタブレットやiPad、Chromebookなどのデバイスで C++プログラミングをはじめる手順を説明します。大まかな流れは次のとおりです。

❶ オンラインでC++プログラミングができるサイトにアクセスする
❷ プログラムの実行方法を確認する
❸ 自分で書いたC++プログラムを動かす

❶ **オンラインでC++プログラミングができるサイトにアクセスする**
　インターネットにはC++プログラミングができるWebサイトがいくつかあります。ただし、この本の内容を進めるのに必要な、対話型（あなたが何

かを入力すると、それにコンピューターが応答してくれる）プログラムを実行できるサイトは限られています。2018年6月時点で、次の2つのWebサイトがこの本の内容に対応しています。

- repl.it：https://repl.it/languages/cpp11
- Coding Ground：https://www.tutorialspoint.com/compile_cpp11_online.php

　この本では、「repl.it」でのプログラムの実行方法を説明します。「repl.it」のWebサイトにアクセスすると、次のようなページが現れます。

▼オンラインでC++プログラミングができる「repl.it」のWebサイト

❷ プログラムの実行方法を確認する

　中央の白い背景のエリアがプログラムを書く場所です。ここにはあらかじめサンプルのC++プログラムが用意されています。このサンプルプログラムを動かしてみましょう。

　C++のプログラムを動かすには、プログラムを書く白い画面の上にある、「run（ラン） run ▶ 」と書かれた灰色のボタンを押します。「run」は英語で「走る」という意味のほかに「実行する」という意味を持っています。このボタンを押すと、プログラムを実行するための準備（ビルド）と、実際にプログラムの実行がおこなわれます。

　画面右側の黒い画面に「Hello World!（ハロー・ワールド！）」と、プログラミングの世界へのあいさつが表示されれば成功です。このあいさつの文章が表示されている領域を「出力画面」といいます。

❸ 自分で書いた C++ プログラムを動かす

　今度は自分の力でプログラムを書いてみましょう。次のお手本にしたがって、今画面に出ているプログラムを書きかえます。これは C++ で一番短いプログラムで、何も起こらないプログラムです。これから先のストーリーでは、`int`（イント）と `main`（メイン）につづく `{ }`（波かっこ）の中に新しいプログラムを加えていくことで、いろいろなことができるようになります。

```
int main()
{

}
```

　プログラムを書きかえたら、さきほどと同じように「run（ラン） run ▶ 」を押してプログラムを動かします。今回は何もメッセージを表示しないプログラムなので、出力画面には何も出てきません。

　もしプログラムの書き方がまちがっていると、出力画面に赤い色でエラーメッセージが表示されます。その場合は、正しい英単語や空白、記号が使われているか、もう一度見直しましょう。例えば次のプログラムは、`int` と

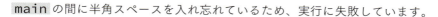

`main`の間に半角スペースを入れ忘れているため、実行に失敗しています。

WindowsやmacOSのパソコンでC++プログラミングをするツールでは、プログラムの文法に誤りがある箇所が赤線で表示されるなど、より便利な機能を提供してくれます。この本の内容を超えて、より本格的なC++プログラミングに挑戦したい場合は、「repl.it」のようなWebサイトではなく、専用のツールを使うことをおすすめします。

WebサイトでC++プログラミングをする方法がわかったら、準備はすべて完了です。第1話に進み、冒険の世界の設計をはじめましょう。

冒険のはじめからビルドエラーの無いプログラムを書くのは難しいよ。経験を積んできたえよう！

第1話

城塞都市への道
アルト平原東部

　東の辺境トレモロ村はかつて幾度となくモンスターの襲来に悩まされてきたが、今では村人は平和な暮らしを謳歌している。これもひとえに城塞都市アルトの兵団が過去に大規模なモンスター討伐を行い、脅威を西の山岳地帯へ追いやった成果である。トレモロ村を出発して平原の中央に位置する城塞都市へ向かう道のりは、定期的に城の兵士とドラゴンが巡回していることもあり、比較的安全な旅路である。それでも、道中に人家は少なく、攻撃的な野生動物に遭遇することもあり、旅人にはそれなりの準備と覚悟が求められる。城塞の尖塔が丘の上に覗くまでは、延々と代わり映えしない草原の景色を歩くことになるが、数十年にわたる交易の往来によって刻まれた一本道をたどっていけば迷うことはないだろう。

主人公の自己紹介画面をデザインしよう

　このストーリーでは、プログラムで画面に文章を表示する方法を学びます。このストーリーを終えると、主人公が自由にセリフを話せるようになります。

Unit 01 | セリフを用意する

```
int main()
{
    "ボクはプラス。";
}
```

● 文章を **"** でかこんで用意しよう
● 文章を用意した行の最後は **;** で終わりにするよ
● セミコロンはプログラムにとっての句点「。」だよ

　主人公のセリフを出力画面に表示する準備をしましょう。プロローグで用意したからっぽの **{ }**（波かっこ）の間に、主人公のセリフを **"**（ダブルクォーテーション）でかこんで用意します。文章を用意できたら、行の最後には **;**（セミコロン）を打ちます。**;** は、プログラムがここで区切られることを示します。日本語の文章の句点「。」と同じようなはたらきです。

　ダブルクォーテーションやセミコロンの記号をキーボードで入力するときは「半角英数（macOSの場合は英字入力）モード」を使います。C++のプログラムでは、日本語の文章を書くときをのぞいて、いつも半角英数入力モードを使います。

　このお手本のプログラムをビルドして実行しても、出力画面にはまだ何も表示されません。主人公のセリフは用意していても、その文章を表示するためのプログラムを書いていないからです。実際にこのプログラムをビルドして実行し、たしかめてみましょう。

　もしビルドエラーになった場合は、プログラムのどこかにまちがいがあります。アルファベットや記号が正しく半角になっているか、正しい記号が使われているかをたしかめましょう。まちがいを見つけて直したら、ビルドエラーにならないこと、出力画面にはまだ何も表示されないことを確認して次

主人公の自己紹介画面をデザインしよう

Unit 02 | 複数のセリフを用意する

```
int main()
{
    "ボクはプラス。";

    "シープラ村出身。";

    "12歳だ。";
}
```

- 文章はいくつでも用意できるよ
- ; を忘れずにね

　文章は何個でも用意できます。さきほど用意したセリフに、あと2つセリフを追加しましょう。" で文章をかこみ、最後は ; を打つことを忘れないようにしましょう。文章はお手本どおりに書かずに自由にアレンジしても大丈夫です。この世界の設定は、すべてあなたの腕にかかっているのです。

▼用意する文章の例

```
int main()
{
    "ボクはプラス。";

    "見た目は子ども、頭脳は大人。";

    "こう見えて実は18歳なんだ。";
}
```

　" の前にある大きな空白は**タブ**といいます。タブはプログラムを整列させ、読みやすくします。使っているプログラミングツールによってはタブが自動で入力されますが、手動で入力したいときには、キーボードの「Tab（タブ）キー」を使います。

第1話 城塞都市への道　〜アルト平原東部〜

主人公のセリフを増やしたら、ビルドして実行し、ビルドエラーにならないこと、出力画面にはまだ何も表示されないことを確認しましょう。

> ダブルクォーテーションを全角文字にしてしまわないよう注意！

Unit 03 | セリフを表示する準備

```
#include <iostream>

int main()
{
    "ボクはプラス。";

    "シープラ村出身。";

    "12歳だ。";
}
```

● 文章を表示する機能を使うために、`<iostream>` をインクルードしよう

　出力画面に主人公のセリフを表示する準備を進めます。`int main()` の前に、`#include <iostream>`（インクルード・アイオーストリーム）という1行をくわえます。こうすると、出力画面に文章を表示する機能をプログラムの中で使えるようになります（実際に使うのは次のUnit 04からです）。

　iostreamはinput/output stream（インプット・アウトプットストリーム：入力と出力の流れ）の略で、その名のとおりデータの流れをつかさどり、文字や数値を画面に表示したり、キーボードから値を入力したりする機能を提供します。`<iostream>` をインクルードする（入れる）ことでiostreamが提供する入出力の機能をプログラムの中で使えるようになります。

お手本のプログラムが書けたらビルドして実行し、ビルドエラーにならないこと、出力画面にはまだ何も表示されないことを確認しましょう。

`<iostream>` を書いただけではまだ文章は表示されないよ

Unit 04 セリフを表示する

```
#include <iostream>

int main()
{
    std::cout << "ボクはプラス。";

    std::cout << "シープラ村出身。";

    std::cout << "12歳だ。";
}
```

- `std::cout` に向かって出力の記号 `<<`（左シフト）で文章を送ると、その文章を表示できるよ

　出力画面に主人公のセリフを表示します。`std::cout`（エスティーディー・シーアウト）に向かって出力の記号 `<<` で文章を送ると、その文章が出力画面に表示されます。ちなみに、`std::cout` の `std::` は、`cout` がC++の標準の機能群の一部であることを示し、`cout` は character output（キャラクターアウトプット：文字の出力）を意味します。また、`:` の記号はコロンと読みます。

　プログラムが書けたらビルドして実行し、ビルドエラーにならないことと、セリフが出力画面に表示されることを確認しましょう。

▼実行結果

ボクはプラス。シープラ村出身。12歳だ。

　ところで、お手本のプログラムでは `std::cout` を3つ用意してセリフを1つひとつ送っていますが、出力画面に表示される文章は改行されず、ひとつづきになっています。`"` の中では文章を直接改行することはできません。次のようなプログラムはビルドエラーになります。文章の改行方法は次のUnit 05で学びます。

▼このような文章の改行はビルドエラーになる

```
std::cout << "ボクは

プラス。";
```

Unit 05 ｜ セリフを改行する

```
#include <iostream>

int main()
{
    std::cout << "ボクはプラス。\n";

    std::cout << "シープラ村出身。\n";

    std::cout << "12歳だ。\n";
}
```

- 文章中に改行文字 `\n` があると、出力されたときにそこで改行されるよ
- 改行文字は文章中の好きな場所にいくつでも書けるよ

　出力画面に表示する文章を改行するには、文章の中に `\n` （バックスラッシュ・エヌ）の2文字を入れます。Windowsの場合、フォントによっては `¥n` になります。macOSでバックスラッシュを入力するには、「option（オ

プション）キー」を押しながら、「¥キー」を押します。

　プログラムに書いた \n の2文字のセットを**改行文字**といいます。改行文字は出力画面にそのままは表示されず、代わりに改行になります。お手本のプログラムを実行してたしかめてみましょう。

　改行文字は、" でかこまれた文章の中であれば、いくつでも好きな場所に置けます。例を見てみましょう。

▼改行文字を文章の途中に入れたプログラム

```cpp
#include <iostream>

int main()
{
    std::cout << "ボクは\nプラス。\n\n\n";

    std::cout << "シープラ\n\n村出身。\n";

    std::cout << "12歳だ。\n";
}
```

\n は改行文字といって文字の一種だから、ダブルクォーテーションの内側に書くよ

Step up　　　自己紹介

　主人公の自己紹介のセリフを増やして、主人公の設定を決めよう。出力画面への表示は多くても20行以内を目安にしよう。記号を使ってセリフの枠を作るなど、デザインにこだわるのも大事だ。

▼プログラムの例

```
#include <iostream>

int main()
{
    std::cout << "--------------------------------\n";

    std::cout << "|  ボクはシープラ村出身のプラス。\n";

    std::cout << "|  今日は冒険者の試験を受けに行くのさ！\n";

    std::cout << "--------------------------------\n";
}
```

▼実行結果

```
--------------------------------
|  ボクはシープラ村出身のプラス。
|  今日は冒険者の試験を受けに行くのさ！
--------------------------------
```

`std::cout` を何回も書くのが面倒なときはコピーアンドペーストを使おう。キーボードで操作する場合、WindowsならCtrl＋Cでコピー、Ctrl＋Vでペースト、macOSならcommand＋Cでコピー、command＋Vでペーストだよ

ダンジョンのうらみち　std::endlって必要？

　C++の参考書を以前に読んだことがある方の中には、`std::cout` で文章を改行をするために `std::endl` を使う、次のようなプログラムの書き方を習った方もいるでしょう。

```
#include <iostream>

int main()
{
    std::cout << "Hello" << std::endl;
}
```

　一般に `std::endl` は「改行を出力してストリームをフラッシュする」と説明されています。そのため、ストリームをフラッシュしないと画面に何も出力されないのではと不安に思うかもしれません。しかし、C++には次のようなしくみがあるため、通常は `std::endl` を使わなくても問題ありません。

- プログラム終了時にはすべての出力がフラッシュされる
- `std::cin` や `std::cerr` は内部で `std::cout.flush()` を呼び出す
- 多くの実装で改行文字の出力はフラッシュを伴う

　オンラインでC++のリファレンスを提供するcppreference.comの `std::endl` の解説では、マルチスレッドで実行されたり、クラッシュの可能性があるプログラムのログを取ったりする場合と、`std::system()` によって何らかのスクリーンI/Oが実行される場合をのぞいて、`std::endl` を書くことは冗長でパフォーマンスを低下させると説明されています。また、C++の開発者Bjarne Stroustrupも、自身

の著書やWebサイトでは、基本的に改行の出力には改行文字を使っていま
す。本書もこれらにならい、とくに理由がなければ std::endl ではなく
改行文字を使うことにしています。

```cpp
#include <iostream>

int main()
{
    std::cout << "Hello\n";

    std::cout << "2回改行\n\n";

    std::cout << "3回改行\n\n\n";

    std::cout << "おわり\n";
}
```

※1 https://en.cppreference.com/w/cpp/io/manip/endl

「冒険者」の認定試験

城塞都市アルト 衛兵第二訓練所

　城塞都市アルトは、市民が消費する食糧や燃料の多くを近隣の都市との交易によってまかなっている。ときには危険地帯を通行する交易隊の積荷を凶暴なモンスターから守るため、食材や高級品を運ぶ隊商には、戦闘のできる護衛をつけることになっている。アルトでは、この護衛の任務につく者を、かつてモンスターと戦いながらこの地を探索した先人になぞらえ「冒険者」と呼び、試験で実力が認められた者にその称号が与えられる。称号の所有者は隊商の護衛の仕事によって金銭収入を得られるだけでなく、アルトで武器や装具を購入する際の税も免除されるため、気ままに旅をする本当の意味での冒険者も、この称号を持っていて損はないのである。

冒険者の試験を突破しよう

このストーリーでは、プログラムで数の計算をする方法を学びます。このストーリーを終えると、足し算や引き算、割り算やかけ算の結果を、頭で計算するよりもはやく求められます。

Unit 06 | セリフを連続させる

```cpp
#include <iostream>

int main()
{
    std::cout << "訓練所で\n" << "冒険者の試験が開催される\n";
}
```

● 出力の記号 **<<** は連続できるよ

std::cout に文章を送ったあとに、出力の記号 **<<** をつづけると、文章をさらに追加で送れます。**std::cout** を使う回数を減らし、**<<** の前後でプログラムを改行することもできます。

▼出力の記号の前で改行する

```cpp
#include <iostream>

int main()
{
    std::cout << "訓練所で\n"
        << "明日から\n"
        << "冒険者の試験が開催される\n";
}
```

冒険者の試験を突破しよう

Unit 07 | 数を表示する

```
#include <iostream>

int main()
{
    std::cout << 30 << "\n";

    std::cout << 100 << "\n";

    std::cout << 8 << "\n";
}
```

● 数は **"** でかこまなくても大丈夫

　お手本のプログラムにある **30** や **100** のように、数は **"** でかこまず直接 **std::cout** に送れます。プログラムを実行して、数が画面に表示されることをたしかめましょう。それができたら、別の数が表示されるようにプログラムを書きかえ、結果が変わることをたしかめましょう。

▼数を書きかえる

```
#include <iostream>

int main()
{
    std::cout << 10000 << "\n";

    std::cout << -30 << "\n";

    std::cout << 9999999999999 << "\n";
}
```

第2話

「冒険者」の認定試験 ～城塞都市アルト 衛兵第二訓練所～

> 数は半角文字で入力するよ

Unit 08 | 足し算と引き算

```
#include <iostream>

int main()
{
    std::cout << 30 + 10 << "\n";

    std::cout << 100 - 60 << "\n";

    std::cout << 8 + 6 - 4 << "\n";
}
```

- 足し算の記号 + や、引き算の記号 - を使って数式を作ると計算ができるんだ

　コンピューターに計算をさせましょう。数と + (プラス) や - (マイナス) の記号を組み合わせて数式を作ると、コンピューターはその数式を計算してくれます。お手本のプログラムでは、計算した結果が `std::cout` に送られて画面に表示されます。プログラムを実行して、計算結果が画面に表示されることをたしかめましょう。また、式を書きかえたときに、結果が変化するかどうかもチェックしてみましょう。

⚔ 冒険者の試験を突破しよう

Unit 09 │ かけ算と割り算

```
#include <iostream>

int main()
{
    std::cout << 5 * 8 << "\n";

    std::cout << 240 / 2 << "\n";

    std::cout << 8 * 6 / 4 << "\n";
}
```

● かけ算の記号は ＊ だよ
● 割り算の記号は ／ だよ

　かけ算と割り算には ＊（アスタリスク）と ／（スラッシュ）の記号を使います。算数でおなじみの×や÷の記号とはちがうので注意しましょう。お手本のプログラムを実行して、計算結果が画面に表示されることをたしかめましょう。また、式を書きかえたときに、結果が変化するかどうかもチェックしてみましょう。

　50000000 ＊ 80000000 のように、とても大きな数の計算結果を表示させようとすると、正しくない数字が表示されることに気づきましたか。これはC++のプログラムでは、通常の計算であつかえる数が、およそマイナス20億からプラス20億の範囲に制限されているためです。この制約は、コンピューターでの計算をなるべく高速にするために設けられています。C++で非常に大きな数を計算するには、次のように数の末尾に LL （エルエル）をつけます。

▼ 数にLLをつけると、より大きな範囲の計算ができる

```
#include <iostream>

int main()
{
    std::cout << 50000000 * 80000000 << "\n";
```

第2話 「冒険者」の認定試験 ～城塞都市アルト 衛兵第二訓練所～

49

```
    std::cout << 50000000LL * 80000000LL << "\n";
}
```

　ふだんはこんなに大きな数を使うことはありません。特別に大きな数を扱う必要がなければ、 LL をつけないプログラムを書きましょう。そのほうがコンピューターは高速に計算をしてくれます。

Unit 10 ｜ 割り算の注意

```
#include <iostream>

int main()
{
    std::cout << 10 / 3 << "\n";

    std::cout << 5 / 2 << "\n";

    std::cout << 22 / 5 << "\n";
}
```

● 整数どうしの割り算では答えの小数点以下が切り捨てられるよ

　10÷3は実際には3.33333...ですが、C++のプログラムでは整数どうしの割り算を計算すると、答えの小数点以下が切り捨てられます。 10 / 3 は3になり、 5 / 2 は、本当は2.5ですが2になり、 22 / 5 は、本当は4.4ですが4になります。

　小数点以下の答えも必要な場合は、第9話で登場する double 型の数を使うことになります。（P.118）

▼参考：割り算で小数点以下の答えも表示できるプログラム

```
#include <iostream>

int main()
{
```

冒険者の試験を突破しよう

```cpp
    std::cout << 10.0 / 3.0 << "\n";

    std::cout << 5.0 / 2.0 << "\n";

    std::cout << 22.0 / 5.0 << "\n";
}
```

Unit 11 | あまりを求める

```cpp
#include <iostream>

int main()
{
    std::cout << 10 % 3 << "\n";

    std::cout << 5 % 2 << "\n";

    std::cout << 22 % 5 << "\n";
}
```

● **%** は割り算のあまりを計算するよ

　私たちはふだん%（パーセント）の記号を、「消費税が8%」「成功確率が80%」のように割合を表すときに使います。しかし、C++のプログラムでは%は「割り算のあまり」を計算する記号として使われます。

　10÷3は3あまり1なので、 10 % 3 の答えは1です。5÷2は2あまり1なので、 5 % 2 の答えは1です。22÷5は4あまり2なので、 22 % 5 は2です。式を書きかえて、結果の変化をたしかめてみましょう。

Unit 12 | 計算の順序

```cpp
#include <iostream>

int main()
```

第2話 「冒険者」の認定試験 〜城塞都市アルト 衛兵第二訓練所〜

```
{
    std::cout << 10 + 2 * 2 << "\n";

    std::cout << (10 + 2) * 2 << "\n";

    std::cout << (2 * (1 + 1) + 2) * 2 << "\n";
}
```

- かけ算、割り算、あまり算は先に計算されるよ
- 計算の順序を変えたいときには ( ) を使おう

　コンピューターが数式を計算する順序は算数と同じです。足し算や引き算よりも、かけ算、割り算、あまり算を先に計算します。この順番を変えたいときには、算数のルールと同じように、( )（丸かっこ）で式をかこみます。二重、三重に式をかこむときも、C++プログラムでは { } や [ ] ではなく、つねに丸かっこを使います。

Unit 13 | コメントの書き方

```
#include <iostream>

int main()
{
    // かけ算が先
    std::cout << 10 + 2 * 2 << "\n"; // 14
}
```

- // 以降は、行が終わるまでコメントになるんだ
- コメントには、プログラムに影響を与えずに自由にメモを書けるよ

　プログラミングで学んだ大事なことを忘れないようにしたり、複雑な計算の答えを書いておいたりするために、プログラムの途中でメモを書きたくなることがあります。そんなときにはコメントを使うと便利です。
　プログラムの途中で、//（2つ連続したスラッシュ）を書くと、それ以

降その行が終わるまでコメントになります。コメントは、プログラムに影響を与えないため、何でも自由に書くことができます。自分にとって理解しやすいプログラムを作るためにも、必要だと思ったらプログラムの中にコメントを書いていきましょう。

応用例として、次のプログラムのように、ある行のプログラムを実行させないためにコメントを使うこともできます。

▼プログラムの一部をコメントにする

```
#include <iostream>

int main()
{
    //std::cout << "おはよう\n";

    std::cout << "こんにちは\n";
}
```

Step up　冒険者の試験

　冒険者の試験は数の謎解きだ。次の4つの数をすべて使い、答えが0～20になるような式を見つけよう。

　10個以上の式を見つけた者には「冒険者の証」が授けられる。2人以上で協力して試験に挑戦する場合は、21個の式をすべて見つけなければならない。

ルール

- 4つの数「1、3、5、8」と計算の記号を組み合わせて、答えが0〜20になる数式を作る
- 数は4つ全部使うべし。同じ数は2回以上使わない
- `+`、`-`、`*`、`/`、`%`、`()` などの記号を何回でも自由に使ってよい
- `-5 + (-1)` のように、数にマイナスをつけてもよい

お手本として、答えが0になる式と10になる式を示す（残りの式は19個）。

▼プログラムの例

```cpp
#include <iostream>

int main()
{
    std::cout << (8 - 5 - 3) * 1 << "\n"; // 0

    std::cout << (5 + 1) * 3 - 8 << "\n"; // 10
}
```

※解答例を巻末に掲載しています

0から順番に探すんじゃなくて、適当に思いついた式を試していく作戦もあるよ

ダンジョンの うらみち エスケープ文字

文章中の「改行」のように、文字では表せない要素をプログラム内に記述するために、そういった要素を、\記号とアルファベットの組み合わせで表現することがあります。このときの\を「エスケープ文字」といいます。エスケープ文字とアルファベットの組み合わせで、よく使われるものを紹介します。

▼よく使われるエスケープ文字とアルファベットの組み合わせ

C++での表し方	意味
\n	改行
\t	水平タブ
\\	バックスラッシュ
\"	ダブルクォーテーション

エスケープ文字を使うプログラムを書いてみましょう。`\t`はタブのはたらきをします。タブの空白は一定の幅で整列されるので、異なる文字数の言葉を並べて表示するさいに、見た目をきれいにそろえられます。

```
#include <iostream>

int main()
{
    std::cout << "one\t" << 1 << "\n";

    std::cout << "two\t" << 2 << "\n";

    std::cout << "three\t" << 3 << "\n";
}
```

文章中で\を表示したい場合は `\\` とします。

```
#include <iostream>

int main()
{
    std::cout << "\\\n";
}
```

文章の中でダブルクォーテーションを使うと、文章がそこで終わってしまいます。そんなときにもエスケープ文字が役に立ちます。

```
#include <iostream>

int main()
{
    std::cout << "\"C++\"\n";
}
```

巷で話題の回復薬

城塞都市アルト
冒険アイテム専門店バイエルン

　城門から宿場町までのゆるやかな上り坂に面した商店街は、遠くの町からやってきた人々と、これから旅立つ人々が行き交う冒険の拠点である。夜も眠らないこの通りでは、ダンジョンで発掘された貴重な鉱石や、モンスターの牙から冒険者を守る頑丈な防具、旅の疲れが一瞬で吹き飛ぶおいしい食事など、魅力的な商品が目白押しである。そんな表通りの喧騒を抜け、ひっそりと静まり返った迷路のような路地の一角に、一見して店とはわからない質素な造りのアイテム専門店バイエルンを発見できた冒険の初心者は幸運である。昔ながらの製法で調合された回復薬は、比較的安価ながらも毒や火傷に抜群の効果を発揮すると評判で、これを求めてわざわざ遠回りをしてアルトに立ち寄る冒険者も少なくないという。

アイテム屋で商品を買う場面を作ろう

　このストーリーでは、プログラムの途中でキーボードから数を入力する方法を学びます。このストーリーを終えると、店員と会話をして買い物ができるようになります。

Unit 14 │ 数に名前をつける

```cpp
#include <iostream>

int main()
{
    int price = 300;

    std::cout << price << "\n";

    std::cout << price * 2 << "\n";
}
```

- 数の情報には名前をつけることができるよ
- 名前がついた数のことを変数というよ

　これまでいろいろな数をプログラムであつかってきました。プログラムに 12 や 300 という数が出てきたとき、例えば年齢が12歳、アイテムの値段が300円ということが考えられるでしょう。ここからは数が何を表すのか名前をつけるようにします。

　数の情報に名前をつけると便利なことがたくさんあります。一番重要なのは、プログラムに出てくる数の意味を表現できるということです。お手本のプログラムでは 300 という数に price （プライス：値段）という名前をつけているので、アイテムの値段であることがわかります。

　整数に名前をつけるには、まず int （イント）と書き、スペースをあけて名前を書き、スペースをあけて = （イコール）を書き、またスペースをあけて値を書きます。 int price = 300; というプログラムによって、price という名前の整数に 300 という値を設定します。名前のついた数

の情報のことを**変数**といいます。`int` は変数の性質を表す**型**の名前で、その変数が整数であることを示します。

　変数を作ると、それ以降はプログラムに数を直接書く代わりに変数を使えるようになります。アイテムを2個買った値段であれば、`300 * 2` の代わりに `price * 2` と表せるようになります。変数のはたらきを、お手本のプログラムを実行してたしかめてみましょう。

　`price` 以外の変数も作ってみましょう。例えば `age`（エイジ：年齢）という変数で主人公の年齢を表し、3年後や10年後に主人公が何歳になっているかを計算するプログラムを作ってみましょう。

▼主人公の数年後の年齢を計算するプログラム

```
#include <iostream>

int main()
{
    int age = 12;

    std::cout << age + 3 << "\n";

    std::cout << age + 10 << "\n";
}
```

　変数の名前には、通常は半角のアルファベットを使います。数字を使うこともできますが、数なのか変数の名前なのかが区別できるように、変数の名前の最初の文字は数字にできない決まりになっています。

▼ビルドエラーになるプログラム（エラーの原因：変数の名前が数字から始まっているため）

```
#include <iostream>

int main()
{
    int 100price = 300;

    std::cout << 100price << "\n";
```

```
    std::cout << 100price * 2 << "\n";
}
```

Unit 15 | 変数の値を途中で変える

```
#include <iostream>

int main()
{
    int price = 300;

    std::cout << price << "\n";

    price = 200;

    std::cout << price << "\n";
}
```

● 代入の記号 = を使うと変数の値を途中で変えられるよ

　最初は300円だったアイテムが、売れ残りセールで200円に値下がりする様子をプログラムしましょう。代入の記号 = （イコール）を使うと、変数の値をプログラムの途中で変更できます。

　お手本のプログラムで、price は最初の時点で 300 なので、1回目の std::cout では300と表示されます。そのあと、代入の記号を使って変数の値を200に変更します。すると2回目の std::cout では200が表示されます。実際に実行してたしかめましょう。また、300や200を別の数に書きかえたときに、結果がきちんと変化するかどうかもチェックしてみましょう。

　代入の記号を使って変数の値を変えることを「変数に新しい値を代入する」といいます。

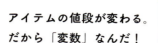

> アイテムの値段が変わる。
> だから「変数」なんだ！

Unit 16 複数の変数を作る

```cpp
#include <iostream>

int main()
{
    int a = 10;

    std::cout << a + 5 << "\n";

    int b = 3, c = 5;

    std::cout << a * b * c << "\n";
}
```

● 変数はいくつでも作れるよ

> 変数は最初に全部まとめて用意することもできるけど、必要になるまでは作らないほうが読みやすいプログラムになるよ

　変数は名前が重複しなければいくつでも作れます。`int b = 3, c = 5;` のように、`,`（コンマ）で区切って一度に複数の変数を作ることもできます。

　練習として、アイテムの値段を `price`、買う個数を `n` という変数で表

し、次のような買い物のプログラムを書いてみましょう。

▼買い物の合計金額を、アイテムの値段と個数をそれぞれ変数で表現して計算するプログラム

```cpp
#include <iostream>

int main()
{
    int price = 300;

    int n = 10;

    std::cout << "全部で" << price * n << "円だよ\n";
}
```

アイテムの値段や個数を書きかえて、結果の変化をたしかめてみましょう。

Unit 17 | 数を入力する

```cpp
#include <iostream>

int main()
{
    int price = 300;

    int n;

    std::cin >> n;

    std::cout << "全部で" << price * n << "円だよ\n";
}
```

- **std::cin** から入力の記号 **>>** を変数に向けると、キーボードで入力した値を変数に代入できるよ

　アイテムの個数を変えるたびにプログラムを修正してビルドし直すのは少し手間がかかります。そこで、**<iostream>** の機能である **std::cin** （エスティーディー・シーイン）を使います。**std::cin** を使うと、プロ

グラムを実行している途中にキーボードで入力した値を、入力の記号 `>>`（右シフト）で示した先の変数に代入できます。

　お手本のプログラムを実行すると、最初は出力画面には何も表示されません。このとき、コンピューターはプログラムの途中にある `std::cin` のところで、キーボードから数が入力されるのを待っています。この状態で、出力画面にキーボードで数を入力し、「Enter（エンター）キー」を押しましょう。すると、プログラムの実行が進み、買い物の計算結果が表示されます。プログラムを何度か実行してためしてみましょう。

　お手本のプログラムをためしたら、アイテムの値段もキーボードから入力できるようプログラムを改良しましょう。

> ここでは数をキーボードから代入するから、`int n = 10;` のように最初に変数に値を設定しなくてもいいんだ

▼アイテムの値段と買う個数をキーボードから入力して合計金額を計算するプログラム

```cpp
#include <iostream>

int main()
{
    std::cout << "アイテムの値段:";

    int price;

    std::cin >> price;

    std::cout << "買う個数:";

    int n;

    std::cin >> n;

    std::cout << "全部で" << price * n << "円だよ\n";
```

}

　std::cin の std:: は cin がC++標準の機能群の一部であることを示し、cin は character input（キャラクターインプット：文字の入力）を意味します。

Step up　　　アイテムショップ

　城下町のアイテムショップの店主になって主人公にアイテムを売ろう。複数の商品を売って合計金額を計算するのもよいだろう。

▼プログラムのヒント（途中まで）

```
#include <iostream>

int main()
{
    std::cout << "いらっしゃい。\n";

    std::cout << "1個500円の回復薬、何個必要だい？\n";

    int n;

    std::cin >> n;

    std::cout << "1個3000円のすごい回復薬もどうだい？\n";

    int m;

    std::cin >> m;

    // ...
}
```

※解答例を巻末に掲載しています

ダンジョンの うらみち　変数の名前のルール

　C++のプログラムで、変数の名前に使える文字は、アルファベットと数字、そして ＿（アンダースコア）です。数字から始まる名前はつけられません。また、アンダースコアから始まる名前はVisual Studioなどの処理系が別の目的で使うことがあるため、使わないようにするべきです。アルファベットの小文字と大文字は区別されるので、`price` と `Price` は別の変数になります。ただし、C++の変数の名前は大文字ではなく小文字のアルファベットから始めるのが慣習になっているので、とくに理由がなければ小文字から始めるようにしましょう。

　変数に名前をつけるときに、小文字や大文字だけで変数を区別したり、o（小文字のオー）、O（大文字のオー）、0（数字のゼロ）やl（小文字のエル）、I（大文字のアイ）、1（数字のいち）のように、形が似ている文字だけで区別をしたりすると、変数を混同するまちがいの原因になります。

▼名前が似ていてまぎらわしい変数を使ったプログラム

```cpp
#include <iostream>

int main()
{
    int Item0Price = 100;

    int item0Price = 200;

    int itemOPrice = 300;

    int itemoPrice = 400;

    // なんてこった！
}
```

変数に名前をつけるときには、読む人に意味が伝わるかどうかを考え、読みまちがいが起こりにくいようにすることが大切です。

▼わかりやすい名前の変数を使ったプログラム

```cpp
#include <iostream>

int main()
{
    // 本の値段
    int bookPrice = 100;

    // 盾の値段
    int shieldPrice = 200;

    // 剣の値段
    int swordPrice = 300;

    // クリスタルの値段
    int crystalPrice = 400;
}
```

bookPrice のように、変数の名前に2つ以上の単語を使うときは、2つ目以降の単語の最初の文字を大文字にすると読みやすいよ

第4話

城下町で情報収集

城塞都市アルト
大衆酒場アルトハンゼ

　アルトの「冒険者」は総じてプライドが高く、今回の任務では何十人もの盗賊を討伐したと針小棒大に自慢する一方で、モンスターとの戦いに敗れたときは、いかに敵が巨大で凶暴であったかを説く。彼らの話が本当ならば、この地方では毎年数千人の悪党が生まれては退治され、人間を一飲みしてしまうような怪物がそこら中をうろうろしていることになる。なんと恐ろしいことであろう。城下町の人々は「酒飲みと冒険者の武勇伝は話半分に聞け」と子どもの頃から教わるという。したがって、この安酒場アルトハンゼに集う酔いどれ冒険者は、二重の意味でたちが悪い手合いであることは間違いない。今宵も彼らは、新月の晩にモンスターが骨から復活したという目撃談や、空から財宝を狙う黒い不敵な影の正体など、現実とも虚構ともわからない話題で大いに盛り上がっている。

主人公が町の人と会話をする場面を作ろう

このストーリーでは、入力した数や文章に応じて違ったことをする方法を学びます。このストーリーを終えると、町の人に質問や回答をするような複雑な会話ができるようになります。

Unit 18 | 数を比べる

```cpp
#include <iostream>

int main()
{
    int power = 20, age = 30;

    power > 10;

    age < 20;

    int score = 100, price = 900;

    score <= 50;

    price >= 1000;
}
```

● 値の大小を比較する4つの記号があるよ

> （より大きい）、< （より小さい）、>= （以上）、<= （以下）の記号は、左右の値の大小関係を調べます。power > 10 ではpower（パワー：力）が10より大きいかを調べます。age < 20 ではage（エイジ：年齢）が20より小さいかを調べます。score <= 50 ではscore（スコア：点数）が50以下であるかを調べます。price >= 1000 ではprice（プライス：値段）が1000以上であるかを調べます。>= と <= はどちらも右側に = 記号がつくことに注意しましょう。

大小比較の式を使うと、例えば主人公のパワーが10より大きければ道を

主人公が町の人と会話をする場面を作ろう

　ふさいでいる岩を砕いたり、お客さんが20歳未満であれば割り引きの料金でアイテムを購入できたりといったように、変数の値がある条件を満たすときに特別なことをするプログラムを書けるようになります。詳しい方法は次のUnit 19で学びます。このお手本のプログラムでは、出力画面には何も表示されません。

Unit 19 ｜ 条件を書く

```
#include <iostream>

int main()
{
    int age;

    std::cin >> age;

    if (age < 18)
    {
        std::cout << "子ども\n";
    }
}
```

● **if** は **( )** の中の条件を満たすときに、それにつづく **{ }** でかこんだ文を実行するんだ

　キーボードから入力したage（エイジ：年齢）の値を調べ、子どもかどうかを判定するプログラムを書きましょう。**if**（イフ）につづく **( )** の中に値の大小を調べる比較の式を書きます。その条件を満たすときに、それにつづく **{ }** でかこんだ文が実行されます。キーボードから数字を入力してたしかめてみましょう。お手本のプログラムでは、**age** が18より小さいときに、「子ども」と表示します。

　プログラムを実行して、子ども判定ができることをたしかめたら、今度は18歳以上のときに「大人」と表示するプログラムに書きかえましょう。

第4話　城下町で情報収集　〜城塞都市アルト　大衆酒場アルトハンゼ〜

▼18歳以上のときに「大人」と表示するプログラム

```cpp
#include <iostream>

int main()
{
    int age;

    std::cin >> age;

    if (age >= 18)
    {
        std::cout << "大人\n";
    }
}
```

`std::cout` の前にはタブ空白が2つ入っています。`{ }` でかこんだ部分は、ほかの部分よりもタブ空白を増やすことで、プログラムの構造を読みやすくすることができます。

Unit 20 │ 条件に応じて違うことをする

```cpp
#include <iostream>

int main()
{
    int age;

    std::cin >> age;

    if (age < 18)
    {
        std::cout << "子ども\n";
    }
    else
    {
        std::cout << "大人\n";
    }
```

主人公が町の人と会話をする場面を作ろう

```
    }
```

● 条件を満たさないときに選択したい文は **else** に書くよ

　if の ( ) の条件を満たさないときに別のプログラムを実行したいという
ときには、**if** で条件を満たしたときに選択する文につづいて、そのプログ
ラムを **else { }**（エルス）でかこんで書きます。お手本のプログラムでは、
入力した数が18未満なら「子ども」と表示し、それ以外（18以上）なら
「大人」と表示します。**else** を書くときは、その前に **if( )** が必要です。
Unit 19のように、必要がなければ **else** は書かなくても大丈夫です。

Unit 21 ┃ さらに条件を追加する

```cpp
#include <iostream>

int main()
{
    int age;

    std::cin >> age;

    if (age < 18)
    {
        std::cout << "子ども\n";
    }
    else if (age < 65)
    {
        std::cout << "大人\n";
    }
    else
    {
        std::cout << "お年寄り\n";
    }
}
```

● もっと条件を分けたいときには **else if ( )** を使うよ

第4話　城下町で情報収集　〜城塞都市アルト　大衆酒場アルトハンゼ〜

71

条件をさらに細かく分けるには、**if ( )** のあとに **else if ( )** を用意します。**else if ( )** の **( )** の中に別の条件を書くことで、**if ( )** の最初の条件を満たさなかったとしても、次のその条件を満たしていれば、**else if ( )** の **{ }** で囲まれた文が実行されます。お手本のプログラムでは、18歳以上であってもすぐに「大人」とは判定せず、65歳未満を「大人」、それ以外を「お年寄り」と分けて表示します。

お手本のプログラムを実行して結果をたしかめたら、練習としてさらに条件を分けてみましょう。お手本のプログラムに追加する形で、1歳未満なら「子ども」ではなく「赤ちゃん」と表示するようにしましょう。

▼1歳未満の判定を追加したプログラム

```cpp
#include <iostream>

int main()
{
    int age;

    std::cin >> age;

    if (age < 1)
    {
        std::cout << "赤ちゃん\n";
    }
    else if (age < 18)
    {
        std::cout << "子ども\n";
    }
    else if (age < 65)
    {
        std::cout << "大人\n";
    }
    else
    {
        std::cout << "お年寄り\n";
    }
}
```

主人公が町の人と会話をする場面を作ろう

プログラムは上から下へと進み、条件のチェックも上から順番に行われます。そのため、順番を正しく考えないといけない場面があります。次のプログラムは、10と入力しても「子ども」ではなく「大人」と表示されてしまいます。なぜこうなるのか考えてみましょう。

▼どこかがまちがっているプログラム

```
#include <iostream>

int main()
{
    int age;

    std::cin >> age;

    if (age < 65)
    {
        std::cout << "大人\n";
    }
    else if (age < 1)
    {
        std::cout << "赤ちゃん\n";
    }
    else if (age < 20)
    {
        std::cout << "子ども\n";
    }
    else
    {
        std::cout << "お年寄り\n";
    }
}
```

Unit 22 | 数が同じか違うかを調べる

```
#include <iostream>

int main()
```

第4話 城下町で情報収集 〜城塞都市アルト 大衆酒場アルトハンゼ〜

```
{
    std::cout << "左の道と右の道どちらに進む？ 1:左 2:右\n";

    int answer;

    std::cin >> answer;

    if (answer == 1)
    {
        std::cout << "左の道は行き止まりだった！\n";
    }
    else
    {
        std::cout << "右の道は出口につながっていた！\n";
    }
}
```

- 値が同じかどうかを調べる記号は ==
- 値が違うかどうかを調べる記号は !=

== (イコール・イコール) 記号は、左の値と右の値が同じかどうかを調べます。 != (ノット・イコール) 記号は、左の値と右の値がちがうかどうかを調べます。

== と、Unit15で学んだ、代入の記号 = を混同しないように注意しましょう。次のプログラムは == と = をまちがえているため、キーボードで「2」を入力したときにも主人公が左の道に進んでしまいます。

▼ == と = をまちがえたプログラム

```
#include <iostream>

int main()
{
    std::cout << "左の道と右の道どちらに進む？ 1:左 2:右\n";

    int answer;
```

```
    std::cin >> answer;

    if (answer = 1) // ミス
    {
        std::cout << "左の道は行き止まりだった！\n";
    }
    else
    {
        std::cout << "右の道は出口につながっていた！\n";
    }
}
```

このミスでつまづく冒険者が多いんだって

Unit 23 | 計算結果を調べる

```
#include <iostream>

int main()
{
    std::cout << "1個500円の回復薬、何個買うんだい？";

    int n;

    std::cin >> n;

    if (500 * n >= 10000)
    {
        std::cout << "1万円以上だから割り引きするよ\n";
    }
}
```

● 計算した結果を比較の式で使えるよ

城下町のアイテムショップでは、1万円以上の買い物に割り引きサービスを提供しています。お手本のプログラムに出てくる `500 * n` のように、数式の計算の結果を比較の式で使うこともできます。

Unit 24 ｜ 文章をあつかう

```cpp
#include <iostream>
#include <string>

int main()
{
    std::cout << "お前さん、お酒を飲める年齢かい？";

    std::string answer;

    std::cin >> answer;

    if (answer == "yes")
    {
        std::cout << "うーん、そうは見えないけどね\n";
    }
    else
    {
        std::cout << "ここは子どもが来る店じゃないよ\n";
    }
}
```

- **`<string>`** をインクルードすると **`std::string`** 型の変数を作れるようになるよ
- **`std::string`** 型の変数は文章をあつかうよ

　文章を代入したり比較したりするには、`std::string`（エスティーディー・ストリング）型の変数を使います。これは `<string>`（ストリング）をインクルードすることで使えるようになります。`int` 型の変数で整数をあつかっていたように、`std::string` 型の変数もいろいろな場面で使えます。`std::cin` でキーボードから文章を代入し、`==` や `!=` を使って、入力した文章がほかの文章と同じかどうかを調べられます。

お手本のプログラムでは、酒場に入ろうとした主人公が、お酒が飲める年齢かどうかをたずねられ、yesかnoで回答します。キーボードから入力した文章は `std::string` 型の変数 `answer`（アンサー：回答）に代入されます。`answer` の値によって、その後の会話が変化します。

Step up　　城下町の探検

主人公が町の人と会話する場面を作ろう。主人公の回答に応じてちがう会話が発生するように、`if` を使ってみよう。

▼ プログラムの例

```cpp
#include <iostream>
#include <string>

int main()
{
    std::cout << "この町の城は何年前に建てられたかわかるかね？\n"

    int answer;

    std::cin >> answer;

    if (answer == 300)
    {
        std::cout << "その通り、正解じゃ！\n";
    }
    else if (answer < 300)
    {
        std::cout << "もっと昔じゃよ\n";
    }
    else
    {
        std::cout << "そんなに古くはないのじゃ\n";
    }

    std::cout << "城の地下には凶暴な魔物が\n"
              << "封印されているという噂があってのう…\n";
}
```

ダンジョンの うらみち　空白で入力を区切らないようにするには

　数や文章を `std::cin` で入力するとき、その中に空白が含まれていると、そこで入力が区切られます。これを利用すると、次のように半角スペースで区切って複数の値をキーボードで入力することで、一度にたくさんの数や文章を入力できます。

```cpp
#include <iostream>

int main()
{
    int a, b, c;

    std::cin >> a >> b >> c; // 1 2 3 と入力

    std::cout << a * 100 + b * 10 + c << "\n";
}
```

　しかし、半角スペースを含む文章を `std::string` 型の変数に代入したいときには、この仕様はやっかいです。

```cpp
#include <iostream>
#include <string>

int main()
{
    std::string name;

    std::cin >> name; // Castle Town と入力

    // name には "Castle" しか代入されていない
    std::cout << "ここは" << name << "\n";
}
```

空白で入力を区切らないようにするには

　半角スペースを含め、エンターキーを押すまでの1行全体を1つの文章として入力とするには、`std::getline`（エスティーディー・ゲットライン）を使います。

```
#include <iostream>
#include <string>

int main()
{
    std::string name;

    std::getline(std::cin, name); // Castle Town と入力

    // name には "Castle Town" が代入されている
    std::cout << "ここは" << name << "\n";
}
```

> ちなみに
> 1
> 2
> 3
> のように改行で区切られた一連の入力も、
> `std::cin >> a >> b >> c;` で受け取れるんだ

第5話

戦闘！モンスター！

アルト平原北部

　過去のモンスター大討伐で住処をアルト山脈の西側に追いやられたモンスターたちは、山の食料が少ない時期になると、お腹を空かせて平原の牧場を荒らしにやって来る。一部のモンスターは、厄介なことに動物の内臓だけを好んで食すことが知られている。山脈の近くにある小さな牧場では、ある日数十頭の羊が心臓だけをきれいにかじりとられて倒れていたという。何の罪もない家畜とその酪農家にとっては致命的な存在であるが、訓練を受け十分な装備を持つ冒険者にとってはそれほどの脅威ではない。平原でのモンスター討伐は、酪農家の組合からそれなりの額の報奨金が出るため、駆け出しの冒険者にとってはおいしい仕事となっている。

主人公がモンスターと戦う場面を作ろう

　このストーリーでは、変数の値を増やしたり減らしたりする方法と、処理をくりかえす方法を学びます。このストーリーを終えると、主人公とモンスターがお互いに攻撃してヒットポイントをけずっていく戦闘シーンを作れるようになります。

Unit 25 | 数を増やしたり減らしたりする

```cpp
#include <iostream>

int main()
{
    int hp = 80;

    hp += 20;

    std::cout << hp << "\n";

    hp -= 10;

    std::cout << hp << "\n";
}
```

- **+=** の記号は右辺の数だけ変数の値を増やすよ
- **-=** の記号は右辺の数だけ変数の値を減らすよ

　モンスターと戦っている主人公の **hp**（ヒットポイント：体力）の変化をプログラムで表しましょう。お手本のプログラムでは、主人公の最初のhpは80です。その直後、回復薬を使ってhpを20回復し、100になります。そのあととモンスターから攻撃を受けてhpを10減らされます。プログラムの最後の時点で主人公のhpは90になっています。

　プログラムの数字を書きかえて、結果の変化をたしかめてみましょう。

Unit 26 | 数をかけたり割ったりする

```
#include <iostream>

int main()
{
    int hp = 80;

    hp *= 2;

    std::cout << hp << "\n";

    hp /= 4;

    std::cout << hp << "\n";
}
```

- `*=` の記号は変数の値を右辺の値でかけるよ
- `/=` の記号は変数の値を右辺の値で割るよ

「すごい回復薬」を使って主人公のhpを2倍にしましょう。80だったhpは `*= 2` によって倍の160になります。しかし、直後のモンスターの攻撃がクリティカルヒットし、hpは `/= 4` によって4分の1に減らされてしまいます。プログラムの最後の時点で主人公のhpは40になっています。

プログラムの数字を書きかえて、結果の変化をたしかめてみましょう。

`+=` や `*=` の記号を書くとき、2つの文字は連続させて、間に空白は入れないよ

Unit 27 │ 1ずつ変化させる

```cpp
#include <iostream>

int main()
{
    int power = 10;

    ++power;

    std::cout << power << "\n";

    --power;

    std::cout << power << "\n";
}
```

- **++** の記号は変数の値を1増やすよ
- **--** の記号は変数の値を1減らすよ

　変数の値を1増やしたり1減らしたりする処理はプログラムによく登場します。このようなとき、`+= 1` や `-= 1` の代わりに、`++` と `--` の記号使うとプログラムが短くなります。

　主人公の剣の `power`（パワー：攻撃力）が変化する様子をプログラムで表しましょう。剣を強化する魔法によってpowerは1増えます。しかし、魔法の効力が切れるとpowerは1減ってしまいます。

Unit 28 │ くりかえしと終わり

```cpp
#include <iostream>

int main()
{
    int monsterHP = 100;

    for (;;)
```

```
    {
        monsterHP -= 10;
        std::cout << "モンスター: " << monsterHP << "\n";
        if (monsterHP <= 0)
        {
            std::cout << "モンスターを倒した!\n";
            break;
        }
    }
}
```

- `for(;;)` は、それにつづく `{ }` の中を何度もくりかえすんだ
- `break` が実行されるとくりかえしが終わるよ

`for(;;){ }`（フォア）でかこんだプログラムは、その範囲が何度もくりかえし実行されます。くりかえしから抜けるには `break`（ブレーク）を実行します。

ここでは主人公が剣でくりかえしモンスターを攻撃し、モンスターのHPを少しずつ減らしていく様子をプログラムで表しましょう。お手本のプログラムでは、くりかえしのたびに `monsterHP` を10ずつ減らしていきます。`monsterHP` が0以下になったとき、`break` が実行されることでくりかえしから抜け、プログラムが終了します。

「こうなったら終わり」と条件を決めて、そのときに `break;` するんだ

Step up　モンスターとのバトル

モンスターとバトルする場面を作ろう。攻撃するかアイテムを使うか行動を

選択し、モンスターの HP を 0 にして勝利しよう。モンスターの HP だけでなく
主人公自身の HP（変数名は `myHP` や、主人公の名前を使った `plusHP` な
ど）も用意して、油断すると負けてしまうようなゲームにするのもよいだろう。

▼ プログラムの例

```
#include <iostream>

int main()
{
    int monsterHP = 100;

    for (;;)
    {
        std::cout << "プラスの行動 1: パンチ 2: 剣で攻撃\n";

        int action;

        std::cin >> action;

        if (action == 1)
        {
            monsterHP -= 15;
        }
        else
        {
            monsterHP -= 30;
        }

        std::cout << "モンスター: " << monsterHP << "\n";

        if (monsterHP <= 0)
        {
            std::cout << "モンスターを倒した!\n";

            break;
        }
    }
}
```

ダンジョンのうらみち ++と--の前置、後置の違い

++ と -- の記号は変数の前と後のどちらにも置くことができ、前に置くものを「前置（ぜんち）」、あとに置くものを「後置（こうち）」といいます。前置も後置も、変数の値を1増やす、1減らすというはたらきは同じです。

```cpp
#include <iostream>

int main()
{
    int power = 10;

    ++power;

    power++;

    std::cout << power << "\n"; // 12

    --power;

    power--;

    std::cout << power << "\n"; // 10
}
```

では、この2つは何が違うのでしょうか。次のプログラムを動かすとわかります。

```cpp
#include <iostream>

int main()
{
    int power = 10;
```

```cpp
    std::cout << ++power << "\n"; // 11

    std::cout << power << "\n"; // 11

    power = 10;

    std::cout << power++ << "\n"; // 10

    std::cout << power << "\n"; // 11
}
```

どちらの ++ も最終的には power を11に増やします。しかし、前置の ++ は変数の値を1増やした結果を返し、それが std::cout に送られる一方、後置の ++ は増やす前の変数の値を返し、それが std::cout に送られます。 -- の場合も同様です。

```cpp
#include <iostream>

int main()
{
    int power = 10;

    std::cout << --power << "\n"; // 9

    std::cout << power-- << "\n"; // 9

    std::cout << power << "\n"; // 8
}
```

整数に対して ++ や -- を使う場合は、前置と後置のどちらを書いても、プログラムを実行するときの効率は変わりません。しかし、C++の「演算子のオーバーロード」という機能を使い、新しく作った型に ++ や -- を定義した場合には、前置の方が効率的になることがあります。したがって、特別な理由がなければ ++ や -- はいつも前置にしておきましょう。そうすれば、記述が統一され、効率的なプログラムを書くことができます。

第6話

炎の洞窟、危機一髪！

ラーハン火山 坑道跡

　アルト地方とキーレ地方の間にそびえる壁、ラーハン火山は、遠回りを余儀なくされる冒険者からは長年邪魔者扱いされてきた。しかし、数十年前、冒険者によって溶岩洞の抜け道が発見され、そこから希少な鉱物が採掘できることが明らかになると、多くの商人がこぞって坑道を作り、資源を採り漁った。現在では優良な鉱石はほとんど採りつくされ、縦横に広がる巨大な迷路だけが残されている。本道はきれいに整備されているが、わずかに残る鉱石を求めて脇の坑道へ足を踏み入れる際は十分に気を付けなければならない。当時仕掛けられた侵入者防止用のトラップが残されているかもしれないからだ。数年前、不運にも罠を踏んで灼熱の溶岩へ落下した旅人は一瞬にして煙になってしまったという。

ダンジョンのトラップを攻略しよう

　このストーリーでは、くりかえしの回数を決める方法と、プログラムを一時的に止める方法を学びます。このストーリーを終えると、ダンジョンのトラップを攻略するカウントダウンのタイマーを作れるようになります。

Unit 29 | 決まった回数だけくりかえす

```cpp
#include <iostream>

int main()
{
    for (int i = 0; i < 3; ++i)
    {
        std::cout << i << "\n";
    }
}
```

- **for** のくりかえしの回数を決めるには、forに3つの設定を書くよ
- 3つの設定は（最初の設定；続ける条件；毎回処理が終わったときにすること）だよ

　for に3つの設定を書くことで、くりかえしの回数をコントロールできます。for(; ;)の () の中に、**最初の設定；続ける条件；くりかえしが終わるたびにすること**の順番で式を書きます。これらを設定することで、for の中では次のような手順でくりかえしが行われるようになります。

(1)「最初の設定」

　　　　↓

(2)「続ける条件」を確認。条件を満たさなかったらくりかえしは終了

　　　　↓

(3) { }の中身を実行

　　　　↓

(4)「毎回処理が終わったときにすること」を行い、(2) に戻る

ダンジョンのトラップを攻略しよう

お手本のプログラムを実行すると、出力画面には

```
0
1
2
```

と表示されます。なぜこうなるのか、順を追って確認してみましょう。

▼お手本のプログラムのくりかえしの部分

```
for (int i = 0; i < 3; ++i)
{
    std::cout << i << "\n";
}
```

❶「最初の設定」`int i = 0;` でint型の変数iを作ります。値は0です。

↓

❷「続ける条件」を確認します。`i < 3` について、iは0で条件を満たしているので続行します。

↓

❸ { } の中身を実行します。`std::cout << i << "\n"` によって、現在のiの値0が画面に表示されます。

↓

❹「毎回処理が終わったときにすること」の `++i` を実行します。iは0から1になります。

↓

❺「続ける条件」を確認します。`i < 3` について、iは1で条件を満たしているので続行します。

↓

❻ { } の中身を実行します。`std::cout << i << "\n"` によって、現在のiの値1が画面に表示されます。

↓

❼「毎回処理が終わったときにすること」の `++i` を実行します。iは1から2になります。

第6話 炎の洞窟、危機一髪！ 〜ラーハン火山 坑道跡〜

　　　　↓
❽「続ける条件」を確認します。`i < 3`について、iは2で条件を満たしているので続行します。
　　　　↓
❾ { }の中身を実行します。`std::cout << i << "\n"`によって、現在のiの値2が画面に表示されます。
　　　　↓
❿「毎回処理が終わったときにすること」の`++i`を実行します。iは2から3になります。
　　　　↓
⓫「続ける条件」を確認します。`i < 3`について、現在のiは3なので条件を満たしていません。くりかえしは終了します。

　くりかえしの回数を決めるしくみがわかったら、今度は0〜2ではなく0〜99の数を表示するようにプログラムを書きかえてみましょう。

▼0〜99の数を表示するように書きかえたプログラム

```cpp
#include <iostream>

int main()
{
    for (int i = 0; i < 100; ++i)
    {
        std::cout << i << "\n";
    }
}
```

短いプログラムから、それよりもたくさんの出力結果を出せるってすごいね

ダンジョンのトラップを攻略しよう

Unit 30 | いろいろなくりかえし

```cpp
#include <iostream>

int main()
{
    for (int i = 1; i < 1000000; i *= 2)
    {
        std::cout << i << "ダメージを与えた！\n";
    }
}
```

● **for** の設定にはいろいろな使い方があるよ

　技が決まるたびに威力が2倍になっていく武器をプログラムで表現しましょう。技の威力を1から始める場合、最初の設定は `int i = 1` です。くりかえしを続けるかどうかの条件は `i < 1000000` とします。攻撃のたびに `i *= 2` で威力は倍になります。

　バトル以外の冒険のシーンも作ってみましょう。例として炎のダンジョンの通路がマグマに沈むまでのカウントダウンをプログラムしてみます。

▼10から0までカウントダウンするプログラム

```cpp
#include <iostream>

int main()
{
    for (int i = 10; i >= 0; --i)
    {
        std::cout << i << "\n";
    }
}
```

　カウントダウンを10から始める場合、最初の設定は `int i = 10` です。カウントが0になるまで続けるので、続けるかどうかの条件は `i >= 0` です。

第6話 炎の洞窟、危機一髪！ 〜ラーハン火山 坑道跡〜

93

毎回処理が終わるたびに `--i` でカウントを 1 ずつ減らします。コンピューターの処理は速いので、このプログラムでのカウントダウンは一瞬で終わってしまいます。1 秒ごとにゆっくりとカウントダウンさせる方法は、次のUnit 以降で学びます。

Unit 31 │ ストップする準備

```cpp
#include <iostream>
#include <thread>
#include <chrono>

int main()
{
    std::cout << "始め\n";

    std::cout << "終わり\n";
}
```

- プログラムを一時的にストップさせる機能を使うために **`<thread>`** をインクルードするよ
- プログラムで時間を表現するために **`<chrono>`** をインクルードするよ

　1 秒ごとにゆっくりとカウントダウンするプログラムの準備をしましょう。まずはプログラムを一時的にストップさせる機能を使うために `<thread>`（スレッド）をインクルードします。つづいて、止める時間をプログラムで表現するために `<chrono>`（クロノ）をインクルードします。このお手本のプログラムを実行しても、まだ実行は一瞬で終わってしまいます。プログラムを指定した時間だけストップさせる方法はこの次の Unit で学びます。

ダンジョンのトラップを攻略しよう

> このプログラムがすぐ終わらない
> ようにしたいな

Unit 32 | 決まった時間だけストップする

```
#include <iostream>
#include <thread>
#include <chrono>

int main()
{
    std::cout << "始め\n";

    std::this_thread::sleep_for(std::chrono::milliseconds(5000));

    std::cout << "終わり\n";
}
```

- `std::this_thread::sleep_for()` でプログラムを一時的にストップできるよ
- 止める時間は `std::chrono::milliseconds()` のかっこの中の数字（単位はミリ秒）で設定するよ

　実行中のプログラムを一時的にストップさせたいときには、`std::this_thread::sleep_for()`（エスティーディー・ディススレッド・スリープフォア）を使います。止める時間は`std::chrono::milliseconds()`（エスティーディー・クロノ・ミリセカンズ）のかっこの中の数字（単位はミリ秒）で設定します。ミリ秒は1000分の1秒を表す単位で、1秒は1000ミリ秒、0.1秒は100ミリ秒です。
　お手本のプログラムでは、5秒間プログラムを止めるために

`std::this_thread::sleep_for(std::chrono::milliseconds(5000));` と書いて5000ミリ秒ストップさせています。このプログラムを実行して、「始め」の5秒後に「終わり」が表示されることを確認したら、ストップする時間を変えてみましょう。

Step up　　炎の抜け道の攻略アイテム

　炎の抜け道には一定時間立ちつづけていると通路が溶岩に沈んでしまうトラップがしかけられている。カウントダウンタイマーを作って安全にダンジョンを攻略しよう。キーボードから秒数を入力すると、その時間が0になるまで、1秒ずつカウントダウンしてくれるプログラムを作ろう。

▼プログラムのヒント（途中まで）

```cpp
#include <iostream>
#include <thread>
#include <chrono>

int main()
{
    std::cout << "時間を設定してください: ";

    int time;

    std::cin >> time;

    // ...
}
```

▼完成したプログラムを実行した例

```
時間を設定してください: 8
8
7
6
5
```

```
4
3
2
1
0
通路が沈む！
```

※解答例を巻末に掲載しています

10から0までカウントダウンするときは `for (int i = 10; i >=0; --i)` だったね。じゃあ、入力した数から0までカウントダウンしたいときには、どこをどう変えればいいんだろう

時間リテラル

ダンジョンの うらみち

　時間を表すのに `std::chrono::milliseconds(5000)` のような長い記述をするのは少しめんどうです。ここでは「時間リテラル」という C++ の機能 ※1 を使って、短いプログラムで書く方法を紹介します。

```cpp
#include <iostream>
#include <thread>
#include <chrono>

using namespace std::chrono_literals;

int main()
{
    std::cout << "始め\n";

    std::this_thread::sleep_for(2000ms); // 2000 ミリ秒

    std::cout << "終わり\n";

    std::cout << "始め\n";

    std::this_thread::sleep_for(3s); // 3 秒

    std::cout << "終わり\n";
}
```

　お手本のプログラムのように、`int main()` の前に `using namespace std::chrono_literals;`（ユージング・ネームスペース・エスティーディー・クロノリテラルズ）を追加すると、`2000ms` や `3s` のように、少ない文字数で時間を表記できるようになります。`ms` はミリ秒の単位を表し、`s` は秒の単位を表します。

※1　新しい機能のため、開発環境によっては使えない場合があります。

第7話

大海原の大砲ゲーム

キーレ湾 ラルゴ岬砲台跡

　北方の島々を拠点とする海賊の襲撃から沿岸の町を守り続けてきた砲台は、その争いの記憶とともにほとんどが朽ち果て、今やわずか数基が残存するのみである。平和な時代のおかげで歴史の表舞台からひっそりと消えようとしていたラルゴ岬の砲台跡が再び注目を集め始めたのは、最近開業した娯楽施設の人気によるところが大きい。この大砲ゲーム屋を営む老人は、売上の大部分を砲台の保存のために使っているという。この老人はかつていくつもの海賊船を沈めた伝説の砲手だったとも噂されているが、当時のことについては固く口を閉ざしており、真相は定かではない。大砲ゲームの的になっている小島は、潮の満ち引きによって面積が変わるので、干潮時は特ににぎわいを見せている。

大砲ゲームのルールを設計しよう

このストーリーでは、複数の条件を組み合わせる方法を学びます。このストーリーを終えると、砲弾が落下した範囲に応じて、ことなる賞品やメッセージを与えるような設定ができるようになります。

Unit 33 │ 条件を組み合わせる

```cpp
#include <iostream>

int main()
{
    std::cout << "飛距離: \n";

    int m;

    std::cin >> m;

    if (90 <= m && m <= 110)
    {
        std::cout << "ゴールドメダルをゲット!\n";
    }
}
```

● 必要な条件を複数組み合わせるときは「かつ」の記号 **&&** を使って条件をつなげよう

海辺の大砲ゲーム屋を訪れた主人公は、大砲の砲丸の飛距離に応じて景品がもらえるゲームに挑戦します。標的は遠くに見える小島です。砲丸を小島に落下させるには、飛距離が「90メートル以上」かつ「110メートル以下」でなければなりません。これらの2つの条件を if に設定するには、それぞれの条件を **&&**（アンド・アンド）の記号でつなげます。

お手本のプログラムでは、飛距離を m として、90 <= m という条件と、m <= 110 という2つの条件を **&&** の記号でつないでいます。こうすることで、mが90以上かつ110以下という2つの条件を満たしたときだけ、そ

れにつづく｛｝の中のプログラムを実行するようになります。キーボードから数字を入力してたしかめてみましょう。

if ((90 <= m) && (m <= 110)) のように、それぞれの条件をかっこでかこんでもいいよ

Unit 34 | どちらかの条件

```
#include <iostream>

int main()
{
    std::cout << "飛距離: \n";

    int m;

    std::cin >> m;

    if (m <= 50 || 150 <= m)
    {
        std::cout << "どこに飛ばしてるんだ！\n";
    }
}
```

- どちらかを満たせばよい条件を組み合わせるときは「または」の記号 || を使って条件をつなげよう

砲丸の飛距離が「50メートル以下」で全然飛ばなかったときと、「150メートル以上」と飛ばしすぎてしまったとき、どちらの場合も主人公は大砲ゲーム屋の店主に笑われてしまいます。このように、2つの条件のどちらかを満たしているときに、特別なことを実行させたい場合には、それぞれの条件を ||（オア・オア）の記号でつなげます。

Step up　大砲ゲームの商品は？

　大砲ゲーム屋の店主になって、砲丸の飛距離に応じた景品やメッセージを用意しよう。まずは手元に紙とペンを用意して、ターゲットの島の距離と景品の対応を書いた設計図を作ろう。設計図が書けたら、それをもとにプログラムを書いていこう。

▼設計図の例

```
0m〜20m：「全然飛んでないぞ！」というメッセージ
50m〜60m：回復薬をプレゼント
200mぴったり：ゴールドの盾をプレゼント
```

▼プログラムの例

```cpp
#include <iostream>

int main()
{
    std::cout << "飛距離: \n";

    int m;

    std::cin >> m;

    if (0 <= m && m <= 20)
    {
        std::cout << "全然飛んでないぞ！\n";
    }
    else if (50 <= m && m <= 60)
    {
        std::cout << "賞品の回復薬だ！\n";
    }
    else if (m == 200)
    {
        std::cout << "ゴールドの盾をプレゼント！\n";
    }
}
```

ダンジョンの うらみち　if (0 < i < 10) はダメ

　変数 i の値が0より大きく10より小さいかを調べるときに、
if (0 < i < 10) というプログラムを書きたくなるでしょう。しかし、残
念ながらこれはまちがいです。次のプログラムを実行して、どのような結果
になるか見てみましょう。

▼まちがったプログラム

```cpp
#include <iostream>

int main()
{
    int i = 20;

    if (0 < i < 10) // まちがった書き方
    {
        std::cout << "0 < i < 10\n";
    }
}
```

　このプログラムでは、 i は20なので、「0より大きく10より小さい」と
いう条件を満たさないはずです。それにもかかわらず、実際には出力画面に
「0 < i < 10」が表示されてしまいます。

　これは < のような比較の記号が、 + や − の記号と同じように、左から1
つずつ順番に実行されるというC++のルールが原因です。例えば
3 + 5 + 10 というプログラムでは、まず 3 + 5 を計算し、その結果である
8をもとに 8+10 が実行されます。わかりやすくかっこでまとめると
((3 + 5) + 10) ということです。 0 < i < 10 にも同じルールが適用され
ます。コンピューターは、まず 0 < i を調べます。 i が20のとき i は0
より大きいので、比較の結果はbool型の true （トゥルー：条件を満たす）
になります。次に true < 10 を調べます。 true は整数型との比較では

`1` と解釈されます。1は10より小さいので、この結果も `true` です。したがって `i` が20のとき、`0 < i < 10` は `((0 < 20) < 10)` → `((true) < 10)` → `((1) < 10)` という過程で解釈され、結果は `true`、つまり「条件を満たす」と判断されてしまうのです。

　比較する式が複数ある場合は、第7話で学んだように、1つずつ条件を書いたものを、`&&` や `||` でつなげるということを忘れないようにしましょう。

▼正しいプログラム

```cpp
#include <iostream>

int main()
{
    int i = 20;

    if (0 < i && i < 10) // OK
    {
        std::cout << "0 < i < 10\n";
    }
}
```

まちがったプログラムでも、例えばiの値が5のときは、一見正しく動いてるように見えるから気をつけないとね

第8話

宿屋の主人は占い師!?

カランド村郊外 民宿アルカナ

　民宿アルカナといえば、カランド村の新鮮な農作物を使った料理のもてなしが人気であるが、それ以上に、宿屋の主人の熱狂的な占いマニアぶりが旅人の間で有名である。若かりし頃の主人は、海賊船が沈む北の海岸から最果ての砂漠地方まで大陸各地を旅して、呪具や祭具などのコレクションを集めたという。それらを研究する傍ら、新しい占い術の考案にも力を入れ、数冊の著書もある。最近はオリジナルの占いアイテムの販売も始め、購入者の声として「森で迷ったときに、カードが出口の方向を教えてくれた」「星占いの結果に従って、船出の日をずらしたおかげで大嵐を避けられた」といった感謝の手紙が宿の入り口に並べられている。しかし当然ながら、助からなかった人たちは手紙を出せないのである。

冒険の未来を宿屋の主人に占ってもらおう

　このストーリーでは、プログラムでランダムな数を作る方法を学びます。このストーリーを終えると、実行するまでどのような結果になるかわからないプログラムが作れるようになります。

Unit 35 ランダムな数

```cpp
#include <iostream>
#include <random>

int main()
{
    std::mt19937 rng;

    std::cout << rng() << "\n";

    std::cout << rng() << "\n";

    std::cout << rng() << "\n";

    std::cout << rng() << "\n";

    std::cout << rng() << "\n";
}
```

- ● ランダムな数を作る機能を使うには **<random>** をインクルードするよ
- ● **std::mt19937** 型の変数は、**( )** をつけるとランダムな整数を作るよ

　モンスターとのバトルで敵に与えるダメージや、宝箱の中に入っているお金の金額、洞窟に潜んでいるモンスターの数、トラップがしかけられている場所……。冒険には、何が起こるかわからないランダムな要素がいたるところに登場します。プログラムでランダムな数を作る方法を学んで、何が起こるかわからない冒険の世界を作ってみましょう。

　<random>（ランダム）をインクルードすると、ランダムな数を作るた

めの機能が使えるようになります。その1つである `std::mt19937`（エスティ―ディ―・エムティ―19937）型の変数は、`( )` をつけるとランダムな整数を返します。`std::cout` にその数を送って表示させてみましょう。お手本のプログラムを実行すると、出力画面にランダムな数が5つ表示されます。

　`std::cout` をたくさんならべるかわりに、次のプログラムのように `for` を使ってプログラムを短くするのもよいでしょう。

▼`for` によるくりかえしでランダムな数を複数回表示するプログラム

```
#include <iostream>
#include <random>

int main()
{
    std::mt19937 rng;

    for (int i = 0; i < 5; ++i)
    {
        std::cout << rng() << "\n";
    }
}
```

　お手本のプログラムをくりかえし実行しても、出てくるランダムな数のパターンが変わらないことに気がついたでしょうか。実行するたびに異なるランダムなパターンを作る方法は次のUnit以降で学びます。

　`std::mt19937` の `std::` は `mt19937` がC++標準の機能群の一部であることを示し、`mt19937` は計算によってランダムな数を作る手法の1つであるMersenne Twister（メルセンヌ・ツイスタ）を表しています。

◆ Unit 36 ┃ **もっとランダムな数**

```
#include <iostream>
#include <random>
```

```
int main()
{
    std::mt19937 rng(std::random_device{}());

    for (int i = 0; i < 5; ++i)
    {
        std::cout << rng() << "\n";
    }
}
```

- 実行するたびに異なる結果になるランダムな数を作るには、`std::mt19937`型の変数を作るときにかっこ`()`で`std::random_device{}()`を設定するんだ

　`std::mt19937`型の変数を作るときに、かっこ`()`の中に`std::random_device{}()`（エスティーディー・ランダムデバイス）を設定すると、実行するたびに異なる結果になるランダムな数が作られるようになります。これで、実行するまで結果がわからないプログラムになります。上のお手本のプログラムを何度か実行して、毎回結果が変わることをたしかめましょう。
　このお手本のプログラムでは、およそ42億種類のランダムパターンを作ることができます。もっと複雑にしたい場合は`std::seed_seq`という機能を使う方法がありますが、本書ではあつかいません。

すごく大きなランダムな数が作られているけど、次のUnitではこれを小さな数にするよ

冒険の未来を宿屋の主人に占ってもらおう

Unit 37 │ ランダムな数の範囲

```cpp
#include <iostream>
#include <random>

int main()
{
    std::mt19937 rng(std::random_device{}());

    std::uniform_int_distribution<int> dist(1, 6);

    for (int i = 0; i < 5; ++i)
    {
        std::cout << dist(rng) << "\n";
    }
}
```

- 作るランダムな数の範囲を決めるには、**std::uniform_int_distribution<int>** 型の変数を使うよ
- **std::uniform_int_distribution<int>** 型の変数を作るときに、かっこ **( )** で作りたいランダムな数の最小値と最大値を設定するんだ
- それ以降は、**std::uniform_int_distribution<int>** 型の変数に **( )** をつけて、中に **std::mt19937** 型の変数を入れると、設定した範囲のランダムな数を返してくれるよ

　std::mt19937 が作るランダムな数は、0〜約40億と、とても大きな範囲に広がっています。サイコロの目やゲームのスコアのように、限られた範囲のランダムな数を作るには、std::uniform_int_distribution<int>（エスティーディー・ユニフォーム・イント・ディストリビューション・イント）型の変数を組み合わせます。

　まず std::uniform_int_distribution<int> 型の変数を作り、かっこ **( )** の中に、ほしいランダムな数の最小値と最大値を設定します。お手本のプログラムでは、サイコロの目を作るために、最小値として1を、最大値として6を設定しています。

　実際にその範囲でランダムな数を作るときには、std::uniform_

第8話 宿屋の主人は占い師!? 〜カランド村郊外 民宿アルカナ〜

`int_distribution<int>` 型の変数にかっこ `( )` をつけて、その中に `std::mt19937` 型の変数を入れます。こうすると、`std::mt19937` が作ったランダムな数が、`std::uniform_int_distribution<int>` で指定した範囲（今回は1～6）に均等な確率で分かれるように調整され、その結果を受け取れます。お手本のプログラムを動かして、実行するたびにランダムなサイコロの結果が出てくることをたしかめましょう。

ランダムな数を生み出す変数と、ランダムな数の範囲を調整してくれる変数の2つを使うんだね

Unit 38 ｜ 複数のランダムな数の範囲

```cpp
#include <iostream>
#include <random>

int main()
{
    std::mt19937 rng(std::random_device{}());

    std::uniform_int_distribution<int> dice(1, 6);

    std::uniform_int_distribution<int> point(0, 100);

    for (int i = 0; i < 5; ++i)
    {
        std::cout << dice(rng) << "\n";
    }

    for (int i = 0; i < 5; ++i)
    {
        std::cout << point(rng) << "\n";
```

冒険の未来を宿屋の主人に占ってもらおう

```
        }
}
```

- **std::uniform_int_distribution<int>** 型の変数はいくつでも作れるよ
- **std::mt19937** 型 の 変 数 は 複 数 の **std::uniform_int_distribution<int>** に対して使えるよ

　std::uniform_int_distribution<int> 型の変数は、通常の変数と同じように、名前が重複しなければいくつでも作れます。それらを使ってランダムな数を作るとき、**std::mt19937** 型の変数は1つ用意するだけで大丈夫です。

Unit 39 │ ランダムな選択肢

```cpp
#include <iostream>
#include <random>

int main()
{
    std::mt19937 rng(std::random_device{}());

    std::uniform_int_distribution<int> dist(0, 2);

    int n = dist(rng);

    if (n == 0)
    {
        std::cout << "今日はラッキーな1日\n";
    }
    else if (n == 1)
    {
        std::cout << "今日はまずまずの1日\n";
    }
    else
    {
```

第 8 話 宿屋の主人は占い師!? ～カランド村郊外 民宿アルカナ～

```
        std::cout << "今日はダメダメな1日\n";
    }
}
```

● ランダムな結果を `if` で調べれば、実行するプログラムをランダムに
　変えられるよ

　選択肢をランダムに選んで、異なるプログラムを実行させてみましょう。
お手本のプログラムでは、ランダムに作られた数が0なら「今日はラッキー
な1日」と表示し、1なら「今日はまずまずの1日」、それ以外なら「今日は
ダメダメな1日」と表示します。それぞれが表示される確率は等しく3分の
1です。

Unit 40 │ 確率のプログラム

```cpp
#include <iostream>
#include <random>

int main()
{
    std::mt19937 rng(std::random_device{}());

    std::uniform_int_distribution<int> dist(0, 99);

    int n = dist(rng);

    if (n < 20)
    {
        std::cout << "あたり！\n";
    }
    else
    {
        std::cout << "はずれ・・・\n";
    }
}
```

● ランダムな数を使って確率をあつかえるよ

冒険の未来を宿屋の主人に占ってもらおう

　20％の確率であたりになるくじをプログラムで作ってみましょう。確率を扱うには、例えば0から99の範囲のランダムな数を作り、その数が20以下であるか、30以下であるかというように範囲を調べることで、20％の確率や30％の確率を表現できます。

　上のお手本のプログラムでは0〜99の範囲の100種類の整数がランダムに作られます。その中で0〜19の20種類の数が出た場合に「あたり！」と表示します。その確率は100分の20、つまり20％です。

Step up　主人公の運命は？

　主人公が旅の途中に立ち寄った宿屋の主人が、次に訪れるべき街やダンジョンを占ってくれる。主人公の向かうべき場所を占ってもらおう。確率を調整して、めったに出てこないメッセージを用意するのもよいだろう。

▼プログラムの例（途中まで）

```cpp
#include <iostream>
#include <random>

int main()
{
    std::cout << "主人: 君が次に行くべき場所を占ってあげるよ\n";

    std::cout << "プラス: もう決めてるんだけど・・・\n";

    std::mt19937 rng(std::random_device{}());

    std::uniform_int_distribution<int> dist(0, 99);

    int n = dist(rng);

    // ...
}
```

※解答例を巻末に掲載しています

第8話　宿屋の主人は占い師!?　〜カランド村郊外 民宿アルカナ〜

ダンジョンの うらみち　古い rand() の欠点

　昔の C++ プログラムでは、ランダムな数を作るために `<cstdlib>`（シーエスティーディーリブ）をインクルードすることで使える `rand()`（ランド）を使っていました。

▼ランダムな数を作る昔の C++ プログラムの書き方

```cpp
#include <iostream>
#include <cstdlib>

int main()
{
    for (int i = 0; i < 5; ++i)
    {
        std::cout << rand() << "\n";
    }
}
```

　しかし、この `rand()` にはいくつもの欠点がありました。

- ランダムな数の作り方に関しての仕様が甘く、統計的にかたよっている質の悪いランダムな数が作られることがある
- 作られるランダムな数のパターンの周期が短く、暗号化などに使った場合に解読されやすい
- 並列に動作するプログラムでランダムな数を作ろうとしたときに正しく機能しないことがある

　そこで C++ の専門家たちは、ランダムな数を作る手法の調査を行い、すぐれたアルゴリズムのものを集めて `<random>` にまとめました。その中の 1 つである `std::mt19937` は、1996 年に日本の数学者、松本眞（ま

古いrand()の欠点

つもとまこと）と西村拓士（にしむらたくじ）が発明した「Mersenne Twister（メルセンヌ・ツイスタ）」という方式が使われています。
　Mersenne Twisterは、数百個の数を使って足し算や掛け算などを行うことで、2×2×2……と、2を19937回かけるほどの巨大な回数だけ使っても同じくりかえしのパターンが現れない長い周期性と、623次元の複雑なグラフで結果を調べてもかたよりを見つけられないという、すぐれたランダム性を実現します。高い精度が要求される科学的なシミュレーションや、情報の暗号化は、こうした高度なランダムな数を作る数学の技術によっても支えられているのです。

最近はMersenne Twisterよりも高性能な手法が研究されていて、プログラムが公開されているんだ。将来のC++にも標準機能として追加されるかもしれない

大豊作のスイカ畑

カランド村 スイカ畑

　この大陸で一番のスイカの生産地となっているカランド村は、昔からスイカの栽培が盛んだったわけではない。そもそもこの村で百年前にスイカが栽培されていた記録はなく、戦乱のさなか北方の島々から持ち込まれた種子が自然に根ざしたのがはじまりだという説が有力である。カランドでは毎年収穫のシーズンになると、仕事にあふれて体力を持て余している冒険者を周辺からかき集めて農作業を手伝わせ、山積みのスイカを各地へと出荷する。遠くの都市への輸送にはドラゴン便が使われることもある。近年、村を離れて人口の多い都市に移り住む若者が増えたことで人手不足が慢性的になりつつあり、機械を使って農作業を効率化する研究をしている農家も出てきている。

特産品の収穫作業を手伝おう

　このストーリーでは、たくさんの情報を扱う方法を学びます。このストーリーを終えると、収穫したたくさんのスイカを集計する、効率のよいプログラムを書けるようになります。

Unit 41 　小数をあつかう

```
#include <iostream>

int main()
{
    double weight = 5.5;

    std::cout << weight << "kg のスイカ\n";
}
```

- プログラムで小数をあつかえるよ
- 整数は `int` 型だけど、小数を含む数は `double`（ダブル）型だよ

　5.5や10.25のように小数点を含むスイカの重さをプログラムであつかいましょう。整数は `int` 型でしたが、小数を含む数は `double` 型の値です。`double` 型の値は、これまで使ってきた `int` 型の変数と同じように、`std::cout` に送って表示したり、計算したりできます。

`10` はint型だけど `10.0` と書くとdouble型なんだ

特産品の収穫作業を手伝おう

Unit 42 | 小数を入力する

```
#include <iostream>

int main()
{
    double weight;

    std::cin >> weight;

    std::cout << weight << "kg のスイカ\n";
}
```

- **std::cin** でキーボードから小数を含む数を入力できるよ

double 型の変数も std::cin を使ってキーボードから値を入力できます。お手本のプログラムを実行して、小数を含むいろいろな数を入力してみましょう。

Unit 43 | 小数と整数の計算

```
#include <iostream>

int main()
{
    double weight;

    std::cin >> weight;

    std::cout << weight << "kg のスイカ\n";

    std::cout << "半分だと" << weight / 2 << "kg\n";
}
```

- **double** 型と **int** 型の値どうしの計算の結果は **double** 型だよ

第9話 大豊作のスイカ畑 〜カランド村 スイカ畑〜

double 型の数と int 型の数をまぜて計算した結果は double 型です。例えば 3.2 / 2 は 1.6 です。整数どうしの割り算と違って、小数点以下の値が切り捨てられることはありません。もちろん 3.2 / 2.0 と書くこともできます。

Unit 44 | たくさんの数を記録する

```cpp
#include <iostream>
#include <vector>

int main()
{
    // 収穫したスイカの重さ
    std::vector<int> weightList = { 6, 9, 8, 7, 8 };

    std::cout << "全部で" << weightList.size()
        << "個のスイカを収穫したよ\n";
}
```

- **<vector>** をインクルードすると、たくさんの数を簡単に扱える配列という機能が使えるようになるよ
- **std::vector<int>** 型は **int** 型の値をたくさん持てるんだ
- **std::vector** 型の配列は **.size()** で、値を何個持っているかを調べられるよ

　たくさん収穫したスイカの重さを記録するとき、スイカの重さを表す変数に1つひとつ名前を付けていては大変です。そこで役に立つのが、<vector>（ベクター）をインクルードすると使えるようになるstd::vector<int>（エスティーディー・ベクター・イント）型の変数です。std::vector<int> 型の変数には { } を使ってたくさんのint 型の値を持たせられます。このような変数のことを配列といいます。お手本のプログラムでは {6, 9, 8, 7, 8} というように、5個のスイカの重さを配列に記録しています。
　std::vector<int> 型の配列が何個の値を持っているかは、配列名

特産品の収穫作業を手伝おう

に続いて `.size()` （サイズ）を書くことでわかります。お手本のプログラムの `{ }` の中のスイカの個数を変え、結果がどう変わるかたしかめてみましょう。

スイカの重さを `double` 型であつかいたいときには Unit 46 に出てくる `std::vector<double>` を使います。

Unit 45 ｜ すべての値を調べる

```cpp
#include <iostream>
#include <vector>

int main()
{
    // 収穫したスイカの重さ
    std::vector<int> weightList = { 6, 9, 8, 7, 8 };

    std::cout << "全部で" << weightList.size()
        << "個のスイカを収穫したよ\n";

    for (int weight : weightList)
    {
        std::cout << weight << "kg\n";
    }
}
```

- `std::vector<int>` 型の配列 `array` が持っている値をすべて調べるには `for (int value : array)` という書き方のくりかえしを使うよ
- この特別な書き方の `for` は、`array` が持っている要素の個数だけくりかえしになるよ
- くりかえしのたび、`value` には `array` が持っている要素が先頭から順に代入されるよ

`std::vector<int>` 型の配列が持っているたくさんの値を調べるには、特別な書き方の `for` によるくりかえしを使います。`std::vector<int>` 型の配列の名前を仮に `array` （アレイ：整列したデータ）とすると、

第9話　大豊作のスイカ畑　〜カランド村 スイカ畑〜

array が持っている値をすべて調べるには `for (int value : array)` という `for` の書き方をします。こうすると、`array` が持っている要素の個数だけ `{ }` でかこまれた処理をくりかえし、くりかえしのたびに `value` には `array` の要素が先頭から順に代入されます。

お手本のプログラムの `for (int weight : weightList) { }` でかこんだ文は、`weightList` の要素の個数と同じ5回だけくりかえされます。くりかえしのたびに、`weight` には6、9、8、7、8が順に代入されます。このしくみを使って `weightList` が持つすべてのスイカの重さを表示できます。

こういう特別なforの書き方は「範囲ベースのfor」って言うんだって

Unit 46 | たくさんの数を記録する（double型）

```
#include <iostream>
#include <vector>

int main()
{
    // 収穫したスイカの重さ
    std::vector<double> weightList = { 6.4, 9.2, 8.6, 7.1, 8.5 };

    std::cout << "全部で" << weightList.size()
        << "個のスイカを収穫したよ\n";
}
```

- `std::vector<double>`（エスティーディー・ベクター・ダブル）型は `double` 型の値をたくさん持てるんだ

特産品の収穫作業を手伝おう

`std::vector<double>` 型の配列には `{ }` を使ってたくさんの `double` 型の値を持たせられます。お手本のプログラムでは `{ 6.4, 9.2, 8.6, 7.1, 8.5 }` というように、5個のスイカの重さを記録しています。

`std::vector<double>` 型の配列が何個の値を持っているかは、配列名に続いて `.size()` を書くことでわかります。お手本のプログラムの `{ }` の中のスイカの個数を変え、結果がどう変わるかたしかめてみましょう。

Unit 47 │ すべての値を調べる（double型）

```cpp
#include <iostream>
#include <vector>

int main()
{
    // 収穫したスイカの重さ
    std::vector<double> weightList = { 6.4, 9.2, 8.6,
7.1, 8.5 };

    std::cout << "全部で" << weightList.size()
        << "個のスイカを収穫したよ\n";

    for (double weight : weightList)
    {
        std::cout << weight << "kg\n";
    }
}
```

- **`std::vector<double>`** 型の配列 **`array`** が持っている値をすべて調べるには **`for (double value : array)`** によるくりかえしを使うよ

`std::vector<int>` のときと同じように、特別な `for` の書き方で、`std::vector<double>` 型の配列 `weightList` が持つすべてのスイカの重さを表示できます。

第9話　大豊作のスイカ畑　〜カランド村 スイカ畑〜

123

Unit 48 | 集計する

```cpp
#include <iostream>
#include <vector>

int main()
{
    // 収穫したスイカの重さ
    std::vector<double> weightList = { 6.4, 9.2, 8.6,
7.1, 8.5 };

    std::cout << "全部で" << weightList.size()
        << "個のスイカを収穫したよ\n";

    double sum = 0.0;

    for (double weight : weightList)
    {
        sum += weight;
    }

    std::cout << "合計" << sum << "kg \n";
}
```

- 要素の値はいろいろな計算に使えるよ

　収穫したスイカの重さの情報を使っていろいろな調査をしてみましょう。
例えば、収穫したスイカの合計の重さは、くりかえしのたびにスイカの重さ
をある変数に足していくことで求めることができます。お手本のプログラム
では、合計を記録するための変数の名前を sum （サム：合計）としています。

> スイカが0個のときにはforが何
> も起こらずに終了するから、どん
> なときでも正しく動作するよ

特産品の収穫作業を手伝おう

Step up スイカの集計

畑で収穫したスイカの統計をとって、収穫作業を手伝おう。収穫したスイカ1つひとつの重さをプログラムの最初に並べ、次のような調査を行うプログラムをそれぞれ作ろう。

- 合計の重さ
- 平均の重さ
- 8kg以上のスイカの数
- 一番重いスイカの重さ

プログラムは、スイカの重さの値や個数を変更しても正しく動くようにする必要があることに注意しよう。お手本として、合計の重さを計算するプログラムを示す。次のプログラムは重さを `{ 3.0, 2.5 }` のように変更しても正しく動く。

▼合計の重さを計算するプログラム

```
#include <iostream>
#include <vector>

int main()
{
    // 収穫したスイカの重さ
    std::vector<double> weightList = { 6.4, 9.2, 8.6, 7.1, 8.5, 4.4, 6.9, 10.1 };

    double sum = 0.0;

    for (double weight : weightList)
    {
        sum += weight;
    }

    std::cout << "合計" << sum << "kg\n";
}
```

※解答例を巻末に掲載しています

ダンジョンの うらみち	小数第何桁まで表示するか

　`double` 型の数を `std::cout` に送ったときに表示される数は、有効桁数が6桁で、それ以上は四捨五入されるようになっています。

▼有効桁数6桁目以降が四捨五入されて表示されることを確かめるプログラム

```cpp
#include <iostream>

int main()
{
    std::cout << 1.23456789 << "\n"; // 1.23457

    std::cout << 123.456789 << "\n"; // 123.457

    std::cout << 12345.6789 << "\n"; // 12345.7
}
```

　この設定を変えるには `std::cout.setf(std::ios::fixed, std::ios::floatfield);` （エスティーディー・シーアウト・セットエフ・フィクスド・フロートフィールド）と `std::cout.precision();` （エスティーディー・シーアウト・プレシジョン）をプログラムに追加します。そうすると、`std::cout.precision();` のかっこの中で指定した桁数だけ小数点以下の数を表示するようになります。

▼小数点以下3桁目まで表示するプログラム

```cpp
#include <iostream>

int main()
{
    // 小数点以下 3 桁目まで表示するよう設定
    std::cout.setf(std::ios::fixed, std::ios::floatfield);
```

```
    std::cout.precision(3);

    std::cout << 1.23456789 << "\n";  // 1.235

    std::cout << 123.456789 << "\n";  // 123.457

    std::cout << 12345.6789 << "\n";  // 12345.679
}
```

数値の表示は、このほかにもいろいろなカスタマイズ方法があります。例えば `std::cout.setf(std::ios::showpos);`（セットエフ・ショーポジティブ）を使うと値が正の時に+の記号を表示するようになり、`std::cout.unsetf(std::ios::showpos);`（アンセットエフ・ショーポジティブ）でこれをオフにすることができます。

▼数値に+の記号を付けて表示するプログラム

```
#include <iostream>

int main()
{
    // + 記号を表示
    std::cout.setf(std::ios::showpos);

    std::cout << 5.5 << "\n";  // +5.5

    std::cout << -1.2 << "\n";  // -1.2

    // + 記号の表示をオフに（通常モード）
    std::cout.unsetf(std::ios::showpos);

    std::cout << 5.5 << "\n";  // 5.5

    std::cout << -1.2 << "\n";  // -1.2
}
```

第10話

スイカ安いか買わないか

カランド村 中央広場

　名産品のスイカの収穫時期に前後して、カランドの中央広場では数週間にわたってスイカマーケットが開催される。人口わずか300人の村に、この時期だけで3万人以上の観光客がやってくるとあって、毎年村の子どもまで駆り出されて準備が進められる。広場の中心には「黄金のスイカ」像が飾られ、それを取り囲むように、大口の商人相手にスイカを荷車単位で売る屋台、菓子を売る屋台、工芸品や農具を売る屋台など、色とりどりの屋台が軒を連ねる。チーズやハム、伝統料理やワインを売る屋台の周囲では、農作業で汗を流した冒険者たちの乾杯の声が聞こえる。農家に雇われた冒険者は、稼いだ給料の大半を、またこの村にこぼして立ち去っていくという、なんとも巧妙な経済が成り立っているのである。

市場での買い物の場面を作ろう

このストーリーでは、たくさんの情報の中から1つだけ情報を取り出す方法を学びます。このストーリーを終えると、好きな商品を選び、それに応じて異なる会話をするような買い物の場面が作れるようになります。

Unit 49 | たくさんの文章を記録する

```
#include <iostream>
#include <vector>
#include <string>

int main()
{
    std::vector<std::string> items =
    { "スイカキャンディー", "スイカアイス",
      "スイカジュース", "スイカの皮" };
}
```

- `std::vector<std::string>` 型は `std::string` 型の値をたくさん持てるよ

たくさんの品物を扱う屋台で、商品ごとに変数を用意するのは大変です。`std::vector<std::string>`(エスティーディー・ベクター・ストリング)型の配列にたくさんの商品名を持ってもらいましょう。お手本のプログラムでは4つの商品の名前を記録しています。

`std::vector` はいろいろな型で使えて便利だね。C++ではこういう機能のことを「テンプレート」と言うんだって

市場での買い物の場面を作ろう

Unit 50 | すべての文章を調べる

```cpp
#include <iostream>
#include <vector>
#include <string>

int main()
{
    std::vector<std::string> items =
    { "スイカキャンディー", "スイカアイス",
      "スイカジュース", "スイカの皮" };

    for (std::string item : items)
    {
        std::cout << item << "\n";
    }
}
```

- **std::vector<string>** 型の配列 **array** が持っている値をすべて調べるには **for (std::string value : array)** によるくりかえしを使うよ

 std::vector<int> や **std::vector<double>** のときと同じように、特別な **for** の書き方で、**std::vector<std::string>** 型の配列 **items** が持つすべての商品の名前を表示できます。

Unit 51 | 記録を調べる

```cpp
#include <iostream>
#include <vector>
#include <string>

int main()
{
    std::vector<std::string> items =
    { "スイカキャンディー", "スイカアイス",
```

第10話 スイカ安いか買わないか ～カランド村 中央広場～

```
      "スイカジュース", "スイカの皮" };

   std::vector<int> prices = { 50, 150, 100, 20 };

   std::cout << items[1] << "は"
             << prices[1] << "円だよ\n";
}
```

● 配列の中身は [ ] (角(かく)かっこ)を使って調べられるよ

std::vector 型で表される配列はたくさんの値を持っています。その
うちのどれか1つの値を調べるには、配列名に [ ] を付け、何番目の値を
調べたいか、位置を数で指定します。位置は1ではなく0から始まることに
注意しましょう。これは複雑なプログラムを書くときに便利なためです。

　お手本のプログラムでは、スイカキャンディーは0、スイカアイスは1、
スイカジュースは2、スイカの皮は3の位置にあります。また、4や5の位
置には商品がありません。こうした存在しない位置を指定してしまうと、プ
ログラムは実行途中でエラーを起こして止まってしまいます。配列が何個の
値を持っているかは、つねに気を付けてプログラムを書きましょう。

Unit 52 │ 記録の位置を表す型

```
#include <iostream>
#include <vector>
#include <string>

int main()
{
    std::vector<std::string> items =
    { "スイカキャンディー", "スイカアイス",
      "スイカジュース", "スイカの皮" };

    std::vector<int> prices = { 50, 150, 100, 20 };

    size_t i = 1;
```

```
        std::cout << items[i] << "は"
                  << prices[i] << "円だよ\n";
}
```

- 配列の中で、値の位置を表す整数は `size_t` (サイズ・ティー) 型だよ

　これまで整数を表す変数には `int` 型を使ってきました。お手本のプログラムに出てくる `size_t` 型も変数が整数であることを示しますが、`int` 型と違って-100のようにマイナスの値にすることはできません。

　配列型が持っている「値の個数」や「値の位置」を考えてみると、「-100個」や「-5の位置」というのはありえません。そこで、こうした個数や位置の表現には `size_t` 型が使われます。お手本のプログラムでは、値の位置 `i` を `size_t` 型の変数で表しています。

> int型は整数を、double型は小数点以下を含む数を、std::string型は文章を、size_t型は配列の値の個数や位置を表す。どのような目的で使うかによって変数の型を決めるんだね

Unit 53　入力から記録を調べる

```cpp
#include <iostream>
#include <vector>
#include <string>

int main()
{
    std::vector<std::string> items =
    { "スイカキャンディー", "スイカアイス",
      "スイカジュース", "スイカの皮" };
```

```cpp
    std::vector<int> prices = { 50, 150, 100, 20 };

    size_t n;

    std::cin >> n;

    if (n < items.size() && n < prices.size())
    {
        std::cout << items[n] << "は"
                  << prices[n] << "円だよ\n";
    }
}
```

● **size_t** 型の変数にも **std::cout** や **std::cin** が使えるよ

　size_t 型の変数も、**int** 型の変数と同じように計算したり、表示し
たり、入力したりできます。お手本のプログラムでは、どの位置にある商品
の情報を調べるのか、実行途中にキーボードで数を入力して選べるようにな
っています。さらに、配列中の存在しない位置を入力したときにプログラム
がエラーを起こさないように、**std::vector** の **.size()** で値の個数
を調べ、**n** が正しい範囲にあるかをチェックしています。

Step up　　　　名産品の屋台

　名産品のスイカアイテムを売る屋台の店主になって、主人公と会話をしよ
う。品物の名前と値段、説明を話してあげるとよいだろう。

▼プログラムの例（途中まで）

```cpp
#include <iostream>
#include <vector>
#include <string>

int main()
{
```

市場での買い物の場面を作ろう

```cpp
std::vector<std::string> items =
{ "スイカキャンディー", "スイカアイス",
"スイカジュース", "スイカの皮" };

std::vector<int> prices = { 50, 150, 100, 20 };

std::vector<std::string> descriptions =
{ "あまいよ", "つめたいよ",
"おいしいよ", "何に使うんだろう" };

for (size_t i = 0; i < items.size(); ++i)
{
    std::cout << i << ":" << items[i] << "\n";
}

std::cout << "何番のアイテムがいいかい?\n";

size_t n;

std::cin >> n;

// ...
}
```

※解答例を巻末に掲載しています

ダンジョンの　うらみち	まちがった入力に対応する

　`std::cin` で1か2を入力してほしいときに、3や4のようなまちがっ
た入力をはじくにはどうすればよいでしょうか。次のようなプログラムが考
えられます。このプログラムでは、3や4を入力すると`if`の条件を満たさ
ないので、`break`せずに、もう一度入力しなおしになります。

▼まちがった入力の場合はやり直しにするプログラムの例

```cpp
#include <iostream>

int main()
{
    int n;

    for (;;)
    {
        std::cin >> n;

        if (n == 1 || n == 2)
        {
            break;
        }
    }

    std::cout << n << "を入力\n";
}
```

　このように、単純な数の入力まちがいであれば前述の方法で対処できます
が、数を入力すべきところにabcといったような文章を入力してしまうまち
がいは、`std::cin`が内部でエラーを起こしてしまうので、少し対処が複
雑です。プログラムが長くなってしまうため、この本のふだんの練習やステ
ップアップでは気をつける必要はありませんが、方法だけ紹介します。

まちがった入力に対応する

▼数を入力すべきところで文章を入力してしまったときのエラーを解消するプログラム

```cpp
#include <iostream>

int main()
{
    int price;

    for (;;)
    {
        std::cin >> price;

        if (std::cin.fail())
        {
            std::cin.clear();

            std::cin.ignore(1000, '\n');
        }
        else
        {
            break;
        }
    }

    std::cout << "値段は" << price << "円\n";
}
```

　`std::cin` に正しくない入力がなされると、直後の `if (std::cin.fail())`（エスティーディー・シーイン・フェイル）が、「入力に失敗した」という条件を満たすようになります。そうなったら、`std::cin.clear()` でエラー情報を消去し、`std::cin.ignore(1000, '\n');`（エスティーディー・シーイン・イグノア）で直近の入力を無効にします。こうすることで、エラーが解消し、これ以降は再び通常どおり入力ができるようになります。

第11話

黄金のスイカ奪われる！

カランド村 郊外の森

　夜明け前のカランド村郊外の森で不穏なひそひそ声を聞いていたのは、1体の黒い大きな影と、森の早起きな小動物たちだけであった。「いいか、今回の計画はこうだ。まず、お前はここから侵入してオイラと合流する。それでオイラを乗せて屋台を踏み荒らしながら広場をまわる。村のやつらが観光客どもの避難に気を取られている間に、オイラは爆発の煙に紛れて、広場の中心までいくんだ。あとは……」聞き耳を立てていた動物たちは、何か良くないことが起こると本能で直感していたが、それを人間たちに警告するすべはなかった。声の主は地図をたたむとこう言った。「『黄金のスイカ』はこの村にあるべきものではないからな。さあ、オイラたちの手で取り返しに行くぞ！」

村のマップを作ろう

　このストーリーでは、くりかえしを二重に行う方法を学びます。このストーリーを終えると、数を使って地図を表現できるようになります。

Unit 54 ｜ 文字を表す型

```
#include <iostream>

int main()
{
    char a = 'C';

    char b = '+';

    char c = '\n';

    std::cout << a << b << b << c;
}
```

- 1文字のアルファベットや数字、記号は、文章ではなく文字として単体の値で扱えるよ
- 文字は `'` でかこんで用意しよう
- 文字は `char` 型の変数に入れられるよ

　文章を構成するアルファベットや数字、記号などの1文字は、`'`（シングルクォーテーション）でかこむと、`char`（チャー）型の変数に入れられます。ただし、「あ」「山」「〒」といった日本語や全角の文字と記号は、`char` 型の変数単体ではあつかえないので注意しましょう。`char` 型の変数は、`int` 型や `std::string` 型の変数と同じように、`std::cout` や `std::cin` で表示したり入力したりできます。

▼入力した文字を判定するプログラム

```
#include <iostream>
```

140

村のマップを作ろう

```cpp
int main()
{
    char ch;

    std::cin >> ch;

    if (ch == 'n')
    {
        std::cout << "北に向かう\n";
    }
    else if (ch == 's')
    {
        std::cout << "南に向かう\n";
    }
}
```

▼指定した回数だけ、入力した文字を繰り返し表示するプログラム

```cpp
#include <iostream>

int main()
{
    int n;

    std::cin >> n;

    char ch;

    std::cin >> ch;

    for (int i = 0; i < n; ++i)
    {
        std::cout << ch;
    }

    std::cout << '\n';
}
```

第11話

黄金のスイカ奪われる！　～カランド村 郊外の森～

Unit 55 | 配列の中に配列を入れる

```cpp
#include <iostream>
#include <vector>

int main()
{
    std::vector<std::vector<int>> tilesList =
    {
        { 1, 2, 3, 4 },
        { 11, 22, 33, 44 }
    };

    std::cout << tilesList[1][3] << '\n';
}
```

- `std::vector` の中にたくさんの `std::vector` を持てるよ

`std::vector<int>` 型の変数はたくさんの `int` 型の値を持てますが、`std::vector<std::vector<int>>` 型の変数は、たくさんの `std::vector<int>` 型の値を持てます。

お手本のプログラムでは、`tilesList` は2つの `std::vector<int>` を持っています。最初が `{ 1, 2, 3, 4 }`、もう1つが `{ 11, 22, 33, 44 }` です。`tiles[1]` は後者の `{ 11, 22, 33, 44 }` を指し、`[3]` で、その中の3の位置にある値、つまり44を示します。

プログラムの見た目はちょっと複雑だけど、縦2マス×横4マスの表をイメージするとわかりやすいよ

Unit 56 | 二重のくりかえし

```cpp
#include <iostream>
#include <vector>
```

村のマップを作ろう

```cpp
int main()
{
    std::vector<std::vector<int>> tilesList =
    {
        { 1, 2, 3, 4 },
        { 11, 22, 33, 44 }
    };

    for (std::vector<int> tiles : tilesList)
    {
        for (int tile : tiles)
        {
            std::cout << tile << ',';
        }

        std::cout << '\n';
    }
}
```

● くりかえしの中に別のくりかえしを入れられるよ

`std::vector<std::vector<int>>` の中身を全部調べるには、第9話で登場した特別な `for` の書き方を使うと便利です。お手本のプログラムでは、1つ目の `for` で `tilesList` が持つ `std::vector<int>` 型の値を順に `tiles` に代入します。2つ目の `for` では `tiles` が持つ `int` 型の値を `tile` に順に代入します。

Step up　　　　　　村への侵入マップ

プラスがスイカの収穫の手伝いに大いそがしだったころ、村ではあやしい影が目撃されていた。スイカマーケットに展示される黄金のスイカをねらう何者かが、マーケットの準備の下見をして地図を作っていたのだ。

村のマップを完成させよう

壁のある場所、見張りのいる場所、川、橋などを文字で表現しよう。

第11話　黄金のスイカ奪われる！　～カランド村 郊外の森～

地図の情報から見張りの人数を数えるようなプログラムを作るのもよいだ
ろう。

▼ プログラムの例

```cpp
#include <iostream>
#include <vector>

int main()
{
    // 地図の情報
    std::vector<std::vector<int>> tileList =
    {
        { 1, 1, 1, 1 },
        { 0, 0, 2, 0 },
        { 1, 0, 3, 1 },
        { 1, 0, 0, 1 },
        { 1, 1, 1, 1 }
    };

    // 地図に使う記号（char型で表現できる文字）
    std::vector<char> icons = { ' ', '#', '@', 'M' };

    for (std::vector<int> tiles : tileList)
    {
        for (int tile : tiles)
        {
            std::cout << icons[tile];
        }

        std::cout << '\n';
    }

    // 地図記号の説明
    std::cout << '\n';
    std::cout << icons[1] << ": 壁\n";
    std::cout << icons[2] << ": 黄金のスイカの位置\n";
    std::cout << icons[3] << ": 見張りが立っている位置\n";
}
```

ダンジョンのうらみち: char型で表現できる文字

　アメリカなどの英語圏でよく使われるアルファベットや数字、記号などの文字をまとめた表があり、そこにふくまれる文字を「ASCII（American Standard Code for Information Interchang／アスキー）文字」と呼びます。1つの `char` 型の値で、次の表に示したASCII文字を表せます。日本語は複数の `char` 型の値を組み合わせて表現することになるため、`char` 型の集合である `std::string` 型であつかう必要があります。

▼おもなASCII文字

プログラム	実際に表示される文字	プログラム	実際に表示される文字	プログラム	実際に表示される文字
'\n'	（改行）	'?'	?	'`'	`
'\t'	（タブ）	'@'	@	'a'	a
' '	（半角空白）	'A'	A	'b'	b
'!'	!	'B'	B	'c'	c
'\"'	"	'C'	C	'd'	d
'#'	#	'D'	D	'e'	e
'$'	$	'E'	E	'f'	f
'%'	%	'F'	F	'g'	g
'&'	&	'G'	G	'h'	h
'\''	'	'H'	H	'i'	i
'('	(	'I'	I	'j'	j
')'	)	'J'	J	'k'	k
'*'	*	'K'	K	'l'	l
'+'	+	'L'	L	'm'	m
','	,	'M'	M	'n'	n
'-'	-	'N'	N	'o'	o
'.'	.	'O'	O	'p'	p

プログラム	実際に表示される文字	プログラム	実際に表示される文字	プログラム	実際に表示される文字
'/'	/	'P'	P	'q'	q
'0'	0	'Q'	Q	'r'	r
'1'	1	'R'	R	's'	s
'2'	2	'S'	S	't'	t
'3'	3	'T'	T	'u'	u
'4'	4	'U'	U	'v'	v
'5'	5	'V'	V	'w'	w
'6'	6	'W'	W	'x'	x
'7'	7	'X'	X	'y'	y
'8'	8	'Y'	Y	'z'	z
'9'	9	'Z'	Z	'{'	{
':'	:	'['	[	'|'	|
';'	;	'\\'	\	'}'	}
'<'	<	']'	]	'~'	~
'='	=	'^'	^		
'>'	>	'_'	_		

第12話
プラスの剣術教室
カランド村 南地区

　村を訪れていた冒険者たちの反撃の甲斐もあって、壊滅的な被害が生じる前に襲撃者は走り去っていったが、スイカマーケットは修繕と警備の強化のために、しばしの臨時休業を余儀なくされた。襲撃で傷を負ったのは屋台や商品だけではない。カランドの子どもたちもまた、村の誇りを傷つけられた怒りと、自分たちの無力感に数日間打ちひしがれていた。ようやくマーケットの再開のめどが立ったころ、村の南にある原っぱでは幼馴染の少年少女三人組がある人物を待っていた。彼らはあの日逃げ惑っていた自分たちを救ってくれた若い冒険者に、彼が村を去るまでのあいだ弟子入りし、自分たちの身を守るための技術を指導してもらうことを決めたのだ。広場の方向から、売り物にならなくなったスイカの山を手押し車で運ぶ彼がやってきた。少年少女は叫んだ。「プラス先生！」

村の子ども達に剣術のけいこをつけよう

　このストーリーでは、うまく動かないプログラムを正しく直す方法を練習します。子どもたちにプログラムを教えることを通して、自分自身もレベルアップします。

Unit 57 ｜ 攻撃のかけ声

> うまくかけ声が決まらないよ！どうして？

▼ビルドエラーになるプログラム（まちがいが1か所あります）

```
#include <iostrem>

int main()
{
    std::cout << "とりゃー！\n";
}
```

　プログラムは1字でもまちがえるとビルドできません。このプログラムは `iostream` をインクルードすべきところを `iostrem` とまちがえて書いています。

▼プラスのお手本

```
#include <iostream>

int main()
{
    std::cout << "とりゃー！\n";
}
```

> とりゃー！

Unit 58 | 全力パワー

最強の攻撃が当たらない！無念！

▼ビルドエラーになるプログラム（まちがいが1か所あります）

```
#include <iostream>

int main()
{
    std::cout << 100 * 100 "ダメージの攻撃をくらえ！\n";
}
```

`std::cout` に数や文章を送るときには、出力の記号 `<<` を使って値を一つひとつ送らなければなりません。このプログラムは `100 * 100` の計算結果を送ったあとに、`<<` を使わずに `"ダメージの攻撃をくらえ！\n";` という文章を送っています。

▼プラスのお手本

```
#include <iostream>

int main()
{
    std::cout << 100 * 100 << "ダメージの攻撃をくらえ！\n";
}
```

決まったー！

Unit 59 | 敵を知る

敵に勝つには敵を知ることが必要だけど、あれ？おかしいな？

▼ビルドエラーになるプログラム（まちがいが1か所あります）

```
#include <iostream>

int main()
{
    std::cin >> monsterHP;

    std::cout << (monsterHP + 29) / 30
        << "回の攻撃で倒せる\n";
}
```

　変数を使うには、まず変数を作る必要があります。整数なら `int` 型の変数、小数を含む数なら `double` 型の変数、文章なら `std::string` 型の変数を作り、その変数に向かって `std::cin` を使いましょう。

▼プラスのお手本

```
#include <iostream>

int main()
{
    int monsterHP;

    std::cin >> monsterHP;

    std::cout << (monsterHP + 29) / 30
        << "回の攻撃で倒せる\n";
}
```

村の子ども達に剣術のけいこをつけよう

ボクの計算だとドラゴンは1000回の攻撃で倒せるぞ。エイヤー！あと999発！

Unit 60 攻撃をはね返せ

相手の攻撃を倍返しするワナを作ったんだけど動かないわ！

▼ビルドエラーになるプログラム（まちがいが1か所あります）

```
#include <iostream>

int main()
{
    int damage;

    std::cin << damage;

    std::cout << damage * 2 << "ダメージを与えた！\n";
}
```

`std::cout` の出力の記号と `std::cin` の入力の記号の向きはちがうことに気を付けましょう。出力画面への表示は `std::cout` に向かって「送る」方向`<<`、キーボードからの入力は、`std::cin` から「受け取る」方向`>>`です。

▼プラスのお手本

```
#include <iostream>

int main()
{
    int damage;
```

```
    std::cin >> damage;

    std::cout << damage * 2 << "ダメージを与えた！\n";
}
```

これでどんな敵でもへっちゃらよ！
モンスターがしかけに気付いて攻撃
してこなくなったらダメだけどね

Unit 61 逃げるか戦うか

モンスターがたくさんいるときは
戦わずに逃げるのが安全ね……っ
てあれ？逃げられない？

▼正しく動かないプログラム（まちがいが1か所あります）

```
#include <iostream>

int main()
{
    int n;

    std::cin >> n;

    if (n < 3);
    {
        std::cout << "戦う！\n";
    }
}
```

`if()` の直後はセミコロン `;` を入れずに `{ }` をつづけます。

▼プラスのお手本

```
#include <iostream>

int main()
{
    int n;

    std::cin >> n;

    if (n < 3)
    {
        std::cout << "戦う！\n";
    }
}
```

三十六計逃げるにしかず！

Unit 62 | 明かりをつけろ

ゴースト種族のモンスターは光で照らすのが基本だね。あれ、明かりがつかないぞ!?

▼ビルドエラーになるプログラム（まちがいが1か所あります）

```
#include <iostream>
#include <string>

int main()
{
```

```
    std::string monsterName;

    std::cin >> monsterName;

    if (monsterName = "ghost")
    {
        std::cout << "たいまつで照らした！\n";
    }
}
```

　値が同じかどうか比較する記号 == を使うべきところで、代入の記号 = を使っています。見た目は似ていますが、使い道がちがうので気を付けましょう。

▼プラスのお手本

```
#include <iostream>
#include <string>

int main()
{
    std::string monsterName;

    std::cin >> monsterName;

    if (monsterName == "ghost")
    {
        std::cout << "たいまつで照らした！\n";
    }
}
```

どうだ！

Unit 63 | 回復薬が効かない

あれー？ 回復できないぞ。この回復薬、にせ物なのかな？

▼正しく動かないプログラム（まちがいが1か所あります）

```
#include <iostream>

int main()
{
    int hp = 30;

    hp + 70;

    std::cout << hp << '\n';
}
```

　変数の値自体を増やすには `+=` の記号を使います。`+` は単純に足し算の結果を計算して求めるだけで、変数の値は変更しません。

▼プラスのお手本

```
#include <iostream>

int main()
{
    int hp = 30;

    hp += 70;

    std::cout << hp << '\n';
}
```

回復!!

Unit 64 | うまく逃げ切れた？

うーん、走るのは得意なんだけど、最近うまく逃げ切れないような気がする

▼正しく動かないプログラム（まちがいが1か所あります）

```
#include <iostream>

int main()
{
    std::cout << "強いモンスターが現れた\n";

    for (;;)
    {
        std::cout << "0: 剣 1: 逃げる\n";

        int action;

        std::cin >> action;

        if (action == 0)
        {
            std::cout << "剣で攻撃!\n";
        }
        else
        {
            break;

            std::cout << "うまく逃げきれた!\n";
        }
```

```
        std::cout << "モンスターの攻撃!\n";
    }
}
```

break すると、すぐにくりかえしから抜けるため、**break** の直後のプログラムは実行されません。

▼ プラスのお手本

```
#include <iostream>

int main()
{
    std::cout << "強いモンスターが現れた\n";

    for (;;)
    {
        std::cout << "0: 剣 1: 逃げる\n";

        int action;

        std::cin >> action;

        if (action == 0)
        {
            std::cout << "剣で攻撃!\n";
        }
        else
        {
            std::cout << "うまく逃げきれた!\n";

            break;
        }

        std::cout << "モンスターの攻撃!\n";
    }
}
```

強いモンスターとまともに戦うのは大変だもんな！

Unit 65 くりかえし攻撃

連続攻撃できる武器を作ったのに、どこかおかしいぞ!?

▼正しく動かないプログラム（まちがいが1か所あります）

```
#include <iostream>

int main()
{
    std::cout << "何発の石を発射しますか?\n";

    int n;

    std::cin >> n;

    for (int i = n - 1; i < 0; --i)
    {
        std::cout << "石を発射！ 残り" << i << "発\n";
    }
}
```

`for`の3つの設定に気を付けましょう。真ん中は「続ける条件」です。

▼プラスのお手本

```cpp
#include <iostream>

int main()
{
    std::cout << "何発の石を発射しますか?\n";

    int n;

    std::cin >> n;

    for (int i = n - 1; i >= 0; --i)
    {
        std::cout << "石を発射！ 残り" << i << "発\n";
    }
}
```

おりゃりゃりゃりゃー！

Unit 66 | 占いの準備

スイカの種の数で運勢を占うのよ！あれれー？

▼ビルドエラーになるプログラム（まちがいが1か所あります）

```cpp
#include <iostream>

int main()
{
    std::mt19937 rng(std::random_device{}());

    std::uniform_int_distribution<int> dist(0, 99);
```

```
    if (dist(rng) < 20)
    {
        std::cout << "ハッピー\n";
    }
}
```

`std::mt19937` や `std::random_device` を使うには `<random>` のインクルードが必要です。

▼プラスのお手本

```
#include <iostream>
#include <random>

int main()
{
    std::mt19937 rng(std::random_device{}());

    std::uniform_int_distribution<int> dist(0, 99);

    if (dist(rng) < 20)
    {
        std::cout << "ハッピー\n";
    }
}
```

15個だったからみんなハッピー！

Unit 67 | 不吉な占い

占った人の運勢がなかなかハッピーにならないの。ひょっとして、何か悪いことが起こる前兆かしら？

村の子ども達に剣術のけいこをつけよう

▼正しく動かないプログラム（まちがいが複数あります）

```cpp
#include <iostream>
#include <random>

int main()
{
    std::mt19937 rng(std::random_device{}());

    std::uniform_int_distribution<int> dist(0, 99);

    if (dist(rng) < 20) // 20%
    {
        std::cout << "アンラッキー\n";
    }
    else if (dist(rng) < 60) // 40%
    {
        std::cout << "普通\n";
    }
    else if (dist(rng) < 80) // 20%
    {
        std::cout << "そこそこ\n";
    }
    else // 20%
    {
        std::cout << "ハッピー\n";
    }
}
```

　ランダムな数を `if()` や `else if()` の中で毎回作っているのが原因です。最初の `if (dist(rng) <= 10)` で、例えば「25」というランダムな数が作られても、次の `else if (dist(rng) <= 30)` ではまた新しいランダムな数が作られ、それが60以下になる確率は60%です。このような目的のときは、ランダムな数を作るのは1回だけにします。

▼プラスのお手本

```cpp
#include <iostream>
```

第12話　プラスの剣術教室　～カランド村 南地区～

```cpp
#include <random>

int main()
{
    std::mt19937 rng(std::random_device{}());

    std::uniform_int_distribution<int> dist(0, 99);

    int n = dist(rng);

    if (n < 20) // 20%
    {
        std::cout << "アンラッキー\n";
    }
    else if (n < 60) // 40%
    {
        std::cout << "普通\n";
    }
    else if (n < 80) // 20%
    {
        std::cout << "そこそこ\n";
    }
    else // 20%
    {
        std::cout << "ハッピー\n";
    }
}
```

あぁ、びっくりした！

Unit 68 小さくなったスイカ

収穫したときよりもスイカが軽くなってるように感じるんだけど。気のせいかな？

▼正しく動かないプログラム（まちがいが1か所あります）

```cpp
#include <iostream>
#include <vector>

int main()
{
    std::vector<double> weightList = { 4.9, 5.4, 3.7, 4.6 };

    for (int weight : weightList)
    {
        std::cout << weight << '\n';
    }
}
```

`weightList` は `std::vector<double>` 型なので、くりかえしで中身を順に見るときには `int` 型ではなく `double` 型の値 `weight` に代入します。

▼プラスのお手本

```cpp
#include <iostream>
#include <vector>

int main()
{
    std::vector<double> weightList = { 4.9, 5.4, 3.7, 4.6 };

    for (double weight : weightList)
    {
        std::cout << weight << '\n';
    }
}
```

> スイカの中身が蒸発したのかと思ったよ

Unit 69 | 手紙

プラス先生にお礼の手紙を書こうと思ったんだけど、オレたちの名前が書けないよ

▼正しく動かないプログラム（まちがいが3か所あります）

```
#include <iostream>
#include <string>

int main()
{
    char name1 = 'ディブ';
    char name2 = 'マイ';
    char name3 = 'マル';

    std::cout << "プラス先生ありがとう\n";
    std::cout << name1 << '\n';
    std::cout << name2 << '\n';
    std::cout << name3 << '\n';
}
```

　`char`型の変数にはアルファベットや数字、記号などが1文字しか入りません。日本語や複数の文字を含む場合は、`std::string`型と`"`（ダブルクォーテーション）を使いましょう。

▼プラスのお手本

```
#include <iostream>
#include <string>

int main()
{
    std::string name1 = "ディブ";
    std::string name2 = "マイ";
    std::string name3 = "マル";
```

```
    std::cout << "プラス先生ありがとう\n";
    std::cout << name1 << '\n';
    std::cout << name2 << '\n';
    std::cout << name3 << '\n';
}
```

先生、ありがとう！

Unit 70 森へのマップ

父さんから森への地図をもらったのに、
なぜか読めないぞ！

▼ビルドエラーになり、正しく動かないプログラム（まちがいが2か所あります）

```
#include <iostream>
#include <vector>

int main()
{
    // 地図の情報
    std::vector<std::vector<int>> tilesList =
    {
        { 0, 0, 0, 2, 2, 2, 0, 0, 0, 0 },
        { 0, 0, 0, 2, 0, 0, 0, 0, 3, 3 },
        { 1, 1, 0, 2, 0, 0, 0, 2, 2, 3 },
        { 1, 2, 2, 2, 2, 0, 0, 2, 3, 3 },
        { 1, 1, 2, 0, 2, 2, 2, 2, 0, 0 },
        { 0, 0, 2, 0, 0, 0, 0, 0, 0, 0 },
    };

    // 地図に使う記号
```

```
    std::vector<char> icons = { ' ', '#', '+', '*' };

    for (int tiles : tilesList)
    {
        for (int tile : tiles)
        {
            std::cout << icons[tile] << '\n';
        }
    }

    // 地図記号の説明
    std::cout << '\n';
    std::cout << icons[1] << ": 森\n";
    std::cout << icons[2] << ": 道\n";
    std::cout << icons[3] << ": 村\n";
}
```

tilesList は std::vector<int> の集まりです。くりかえしで中身を見るときには、int 型ではなく std::vector<int> 型の変数 tiles に代入します。

また、地図記号を表示した直後に毎回改行をしていると地図が縦に長くなってしまいます。行ごとに改行をはさむように修正しましょう。

▼ プラスのお手本

```
#include <iostream>
#include <vector>

int main()
{
    // 地図の情報
    std::vector<std::vector<int>> tilesList =
    {
        { 0, 0, 0, 2, 2, 2, 0, 0, 0, 0 },
        { 0, 0, 0, 2, 0, 0, 0, 0, 3, 3 },
        { 1, 1, 0, 2, 0, 0, 0, 2, 2, 3 },
        { 1, 2, 2, 2, 2, 0, 0, 2, 3, 3 },
        { 1, 1, 2, 0, 2, 2, 2, 2, 0, 0 },
```

```
            { 0, 0, 2, 0, 0, 0, 0, 0, 0, 0 },
    };

    // 地図に使う記号
    std::vector<char> icons = { ' ', '#', '+', '*' };

    for (std::vector<int> tiles : tilesList)
    {
        for (int tile : tiles)
        {
            std::cout << icons[tile];
        }

        std::cout << '\n';
    }

    // 地図記号の説明
    std::cout << '\n';
    std::cout << icons[1] << ": 森\n";
    std::cout << icons[2] << ": 道\n";
    std::cout << icons[3] << ": 村\n";
}
```

みんなで森までプラス先生を見送りに行こうぜ！

いこー！

うん！

～カランド村 西の森～

　アルトの城下町やカランドのマーケットで出会った冒険者たちが語っていたように、この世界は1冊の本には収まりきらない興奮と不思議に満ちている。遠くの場所までひとっ飛びで連れて行ってくれるレンタルドラゴン、知識と芸術の街ラクヴェンヌ、神秘的な力を持つ魔術師が修行をする洞穴。プラスは次なる冒険に向け歩みを進めていく……。

| ダンジョンの | **プログラムのミスを減らすには** |
| うらみち | |

プログラミングを学び始めてしばらくの間は、いつも出てくるビルドエラーに悪戦苦闘するでしょう。プログラムのまちがいはどうすれば減らせるのでしょうか。いくつかヒントを教えます。

タブでプログラムを整列しよう

{ } で囲んだ部分のプログラムは、それ以外の部分よりも1つ多めにタブの空白をあけます。タブでプログラムを整列すると、プログラムの構造がわかりやすくなるだけでなく、{ } の閉じ忘れにも気付きやすくなります。次のプログラムがビルドエラーになる原因をすぐに見つけられるでしょうか。

▼タブで整列していないプログラム（ビルドエラーになるまちがいが1か所あります）

```cpp
#include <iostream>

int main()
{
int age;
std::cin >> age;

if (age < 18)
{
std::cout << "子ども\n";
else
{
std::cout << "大人も\n";
}
}
```

同じプログラムでも、次のようにタブで整列していると、まちがっている部分を発見しやすくなります。

プログラムのミスを減らすには

▼タブで整列しているプログラム（ビルドエラーになるまちがいが1か所あります）

```cpp
#include <iostream>

int main()
{
    int age;

    std::cin >> age;

    if (age < 18)
    {
        std::cout << "子ども\n";
    else
    {
        std::cout << "大人も\n";
    }
}
```

変数の名前をわかりやすくしよう

　変数の名前は、自分以外の人がプログラムを読んだときにも意味が伝わりやすいようにしましょう。変数がどういった目的で使われているのかを簡潔に説明する名前が理想的です。適切な名前を付けていれば、プログラムのまちがいにも気付きやすくなります。

▼変数の名前が説明不足なプログラム（ミスをしています）

```cpp
#include <iostream>

int main()
{
    int hp1 = 100, hp2 = 30;

    std::cout << "プラスの攻撃！\n";

    hp1 -= 20;
```

```
        std::cout << "モンスターのHP:" << hp2 << '\n';
}
```

攻撃をしたはずなのに、モンスターのHPが減っていません。このプログラムのまちがいに気付くのは少し難しいです。同じようなミスをしているプログラムでも、次のように変数の名前を工夫していれば、まちがいに気が付く可能性が高くなります。プラスが攻撃しているのに、プラスのHPが減ってしまっています。

▼変数の名前をわかりやすくしたプログラム（ミスを発見しやすくなりました）

```
#include <iostream>

int main()
{
    int plusHP = 100, monsterHP = 30;

    std::cout << "プラスの攻撃！\n";

    plusHP -= 20;

    std::cout << "モンスターのHP:" << monsterHP << '\n';
}
```

こまめにビルドをしよう

何十行もプログラムを書いてからまちがいに気付くと、原因となっている場所を探すのが大変です。プログラムを少し直したり新しいプログラムを追加するたびに、こまめにビルドをして、エラーが出ていないかどうかプログラムの結果を確認しましょう。

170

途中経過を表示しよう

　長いプログラムを書いて実行して、最終結果が考えていたとおりにならなかったときは、どこかで計算や `if` の条件をまちがえている可能性があります。プログラムをじっくり読みなおすだけでは、問題がある部分をなかなか見つけられないことがあります。そういうときは、`std::cout` をいろいろなところに追加して、変数がそれぞれの場所で想定される値になっているか、考えていたとおりの `if` の判定がなされているかなどを見えるようにしましょう。

　次のプログラムは見落としがちなまちがいの例ですが、途中経過を表示することで原因が確実に明らかになります。

▼1から10までの合計を計算しようと書いたプログラム。正解は55になるはずだけど…？

```cpp
#include <iostream>

int main()
{
    int sum = 0;

    for (int i = 1; i < 10; ++i)
    {
        sum += i;

        std::cout << i << "を足した\n";

        std::cout << sum << "になった\n";
    }

    std::cout << "合計:" << sum << '\n';
}
```

ステップアップ解答例

第2話 | 冒険者の試験

```cpp
#include <iostream>

int main()
{
    std::cout << (8 - 5 - 3) * 1 << "\n";    // 0
    std::cout << 8 - 5 - 3 + 1 << "\n";      // 1
    std::cout << 1 + (3 + 5) / 8 << "\n";    // 2
    std::cout << 8 * 3 / 5 - 1 << "\n";      // 3
    std::cout << 8 * 3 / 5 * 1 << "\n";      // 4
    std::cout << 8 * 3 / 5 + 1 << "\n";      // 5
    std::cout << 3 * 5 % 8 - 1 << "\n";      // 6
    std::cout << 3 * 5 % 8 * 1 << "\n";      // 7
    std::cout << 3 * 5 % 8 + 1 << "\n";      // 8
    std::cout << 5 + 8 - 3 - 1 << "\n";      // 9
    std::cout << (5 + 1) * 3 - 8 << "\n";    // 10
    std::cout << 8 % 3 * 5 + 1 << "\n";      // 11
    std::cout << 8 * 5 / 3 - 1 << "\n";      // 12
    std::cout << 8 * 5 / 3 * 1 << "\n";      // 13
    std::cout << 8 * 5 / 3 + 1 << "\n";      // 14
    std::cout << 3 + 5 + 8 - 1 << "\n";      // 15
    std::cout << (3 + 5 + 8) * 1 << "\n";    // 16
    std::cout << 1 + 3 + 5 + 8 << "\n";      // 17
    std::cout << 8 * 3 - 5 - 1 << "\n";      // 18
    std::cout << (8 * 3 - 5) * 1 << "\n";    // 19
    std::cout << (8 * 3 - 5) + 1 << "\n";    // 20
}
```

第3話 | アイテムショップ

```cpp
#include <iostream>

int main()
```

```
{
    std::cout << "いらっしゃい。\n";

    std::cout << "1 個500円の回復薬、何個必要かい？\n";

    int n;

    std::cin >> n;

    std::cout << "1個1500円のすごい回復薬もどうだい？\n";

    int m;

    std::cin >> m;

    std::cout << "全部で" << n * 500 + m * 1500
        << "円だよ\n";
}
```

第6話 | 炎の洞窟の攻略アイテム

```
#include <iostream>
#include <thread>
#include <chrono>

int main()
{
    std::cout << "時間を設定してください: ";

    int time;

    std::cin >> time;

    for (int i = time; i >= 0; --i)
    {
        std::cout << i << "\n";
```

```cpp
        std::this_thread::sleep_for(std::chrono::mill
iseconds(1000));
    }

    std::cout << "通路は沈んだ！\n";
}
```

第8話 | 主人公の運命は？

```cpp
#include <iostream>
#include <random>

int main()
{
    std::cout << "主人：君が次に行くべき場所を占ってあげるよ\n";

    std::cout << "プラス：もう決めてるんだけど・・・\n";

    std::mt19937 rng(std::random_device{}());

    std::uniform_int_distribution<int> dist(0, 99);

    int n = dist(rng);

    if (n < 10)
    {
        std::cout << "今すぐ家に帰ったほうがいい\n";
    }
    else if (n < 30)
    {
        std::cout << "もう数日ここにいたほうがいい\n";
    }
    else if (n < 50)
    {
        std::cout << "アルト平原に行くといい\n";
    }
    else if (n < 80)
    {
        std::cout << "炎の洞窟に行くといい\n";
```

```
            }
            else
            {
                std::cout << "この先の村に行くといい\n";
            }
        }
```

第9話 | スイカの集計

合計の重さを計算するプログラム

```
#include <iostream>
#include <vector>

int main()
{
    // 収穫したスイカの重さ
    std::vector<double> weightList = { 6.4, 9.2, 8.6,
7.1, 8.5, 4.4, 6.9, 10.1 };

    double sum = 0.0;

    for (double weight : weightList)
    {
        sum += weight;
    }

    std::cout << "合計" << sum << "kg\n";
}
```

平均の重さを計算するプログラム

```
#include <iostream>
#include <vector>

int main()
{
    // 収穫したスイカの重さ
```

```cpp
    std::vector<double> weightList = { 6.4, 9.2, 8.6,
7.1, 8.5, 4.4, 6.9, 10.1 };

    double sum = 0.0;

    for (double weight : weightList)
    {
        sum += weight;
    }

    std::cout << "平均" <<
        sum / weightList.size() << "kg\n";

}
```

8kg 以上のスイカの数を求めるプログラム

```cpp
#include <iostream>
#include <vector>

int main()
{
    // 収穫したスイカの重さ
    std::vector<double> weightList = { 6.4, 9.2, 8.6,
7.1, 8.5, 4.4, 6.9, 10.1 };

    int count = 0;

    for (double weight : weightList)
    {
        if (weight >= 8.0)
        {
            ++count;
        }
    }

    std::cout << "8kg 以上のスイカは" << count << "個\n";
}
```

一番重いスイカの重さを求めるプログラム

```
#include <iostream>
#include <vector>

int main()
{
    // 収穫したスイカの重さ
    std::vector<double> weightList = { 6.4, 9.2, 8.6, 7.1, 8.5, 4.4, 6.9, 10.1 };

    double max = 0.0;

    for (double weight : weightList)
    {
        if (weight > max)
        {
            max = weight;
        }
    }

    std::cout << "一番重いスイカは" << max << "kg\n";
}
```

第10話 | 名産品の屋台

```
#include <iostream>
#include <vector>
#include <string>

int main()
{
    std::vector<std::string> items =
    { "スイカキャンディー", "スイカアイス",
        "スイカジュース", "スイカの皮" };

    std::vector<int> prices = { 50, 150, 100, 20 };

    std::vector<std::string> descriptions =
```

```cpp
    { "あまいよ", "つめたいよ", "おいしいよ", "何に使うんだろう"
};

    for (size_t i = 0; i < items.size(); ++i)
    {
        std::cout << i << ":" << items[i] << "\n";
    }

    std::cout << "何番のアイテムがいいかい?\n";

    size_t n;

    std::cin >> n;

    if (n < items.size() && n < descriptions.size()
        && n < prices.size())
    {
        std::cout << items[n] << "だね、"
            << descriptions[n] << "\n"
            << prices[n] << "円だよ\n";
    }
}
```

すべての瞬間が面白い

　プログラミングを楽しむのに、分厚い入門書を一通り読み終える必要はありません。冒険の物語だって、まだ世界のことを何も知らない主人公が、未熟な能力と装備で小さなクエストや困難を乗り越えて成長し、やがてたくさんの仲間と力を獲得する、そのすべての過程が興奮と喜びの連続なのです。プログラミングの習得もまさに同じようなものだということを、プラスとの冒険を通して感じていただけたことでしょう。

　C++ プログラミングは楽しいだけではありません。C++ はあらゆるコンピューターやデバイス上で動作し、高い処理効率を持つことから、世界中の人々が使うアプリケーションの開発を支えています。VR コンテンツを開発するためのツール、人工知能や仮想通貨、ロボット、自動運転の基盤ソフトウェアなど、私たちの未来をつくっている現場でも業界標準として活用されています。C++ のプログラマー（プログラムを書く人）は、この本の物語でアルト平原を探索したかつての冒険者さながら、人類の新天地を拓く「冒険者」といっても過言ではないのです。

　筆者は「Siv3D（シブスリーディー）」というプログラミングツールを 10 年以上にわたって開発しています。Siv3D は C++ プログラミングをパワーアップさせて、絵や音を使ったインタラクティブなアプリケーションを簡単な C++ のプログラムで作れるようにするものです。本書のプログラムは、すべて出力画面上の文字でコンピューターとやり取りをしますが、画像を表示したり、タッチやマウスを使って操作したりするような、より本格的なプログラミングにステップアップするときには Siv3D が役に立つでしょう。

　本書は 2014 年に早稲田大学で始まった、小中高生を対象とした情報科学教室「早稲田情報科学ジュニア・アカデミー」の C++ プログラミング講座【入門編】の資料をもとに構成されています。C++ には便利で面白い機能が山ほどあり、本書の範囲で扱ったのは、まだその入り口です。アカデミーでは【入門編】に続いて【中級編】の講座があり、プラスもまた次なる街、まだ見ぬ冒険へと歩みを進めていきます。新しい物語のページをみなさんにお届けできることを楽しみにしています。

索引

【記号】

'	140
-	48
--	84
!=	74
#include	38
%	51
&&	100
( )	52
*	49
*=	83
,	61
.size()	120
/	49, 55
//	52, 55
/=	83
:	39
;	36, 37
[ ]	132
_	65
{ }	36
||	101
"	36, 37, 40
\"	55
\n	40, 55
\t	55
+	48
++	84, 87
+=	82
<	68
<<	39, 46
<=	68
<chrono>	94
<cstdlib>	114
<iostream>	38
<random>	106
<string>	76
<thread>	94
<vector>	120
=	60
-=	82
==	74
>	68
>=	68
>>	63

【アルファベット】

ASCII文字	145
break	85
char	140
Coding Ground	31
double	118
else	71
for	85, 90
if	69
int	21, 29, 32, 58
iostream	38
LL	49
macOSでプログラミングをはじめる	24
main	21, 29, 32
Mersenne Twister	107, 114
ms	98

索引

rand	114
repl.it	31
s	98
size_t	133
std::cerr	43
std::chrono::milliseconds	95
std::cin	62, 78
std::cin.fail	137
std::cin.ignore	137
std::cout	39
std::cout.flush	43
std::cout.precision	126
std::cout.setf	126
std::cout.unsetf	127
std::endl	43
std::getline	79
std::mt19937	107
std::random_device	108
std::seed_seq	108
std::string	76, 78
std::system	43
std::this_thread::sleep_for	95
std::uniform_int_distribution<int>	109
std::vector<double>	122
std::vector<int>	120
std::vector<std::string>	130
std::vector<std::vector<int>>	142
Tab キー	37
true	103
using namespace std::chrono_literals;	98
Visual Studio	14
Xcode	14

【あ行】

アスキー文字	145
アスタリスク	49
アンダースコア	65
以下	68
イコール	60
以上	68
インクルード	38
エスケープ文字	55
演算子のオーバーロード	88

【か行】

改行文字	40
角かっこ	132
型	59
計算	48
後置	87
コピーアンドペースト	42
コメント	52
コロン	39
コンマ	61

【さ行】

時間リテラル	98
実行	22, 28
出力画面	23, 28, 31
小数点	118
シングルクォーテーション	140
水平タブ	55
スラッシュ	49, 52
セミコロン	36
前置	87

【た行】

代入	60

タブ ……………………………………… 37
ダブルクォーテーション …………… 36, 55
テンプレート …………………………… 130

【な行】

波かっこ ………………………………… 36

【は行】

パーセント ……………………………… 51
配列 ……………………………………… 120
バックスラッシュ ……………………… 55
範囲ベースの for ……………………… 122
半角英数モード ………………………… 21, 36
左シフト ………………………………… 39
ビルド …………………………………… 22, 28
ビルドエラー …………………………… 23
プラス …………………………………… 48
プロジェクト …………………………… 18, 25
変数 ……………………………………… 59

【ま行】

マイナス ………………………………… 48
丸かっこ ………………………………… 52
右シフト ………………………………… 63

【や行】

より大きい ……………………………… 68
より小さい ……………………………… 68

【ら行】

ランダム ………………………………… 106

鈴木　遼 (すずき りょう)

2016年早稲田大学表現工学専攻修士課程修了。早稲田大学メディアデザイン研究室博士後期課程。IPA未踏事業スーパークリエータ認定。プログラミングを楽しく簡単にするツール「Siv3D」「Enrect」を開発するかたわら、早稲田情報科学ジュニア・アカデミーや未踏ジュニアで、小中高生へのプログラミング指導を行う。

謝 辞

　講座の書籍化を支援してくださった早稲田大学アカデミックソリューション及び早稲田情報科学ジュニア・アカデミーのみなさん、ワクワクする冒険の世界を描いてくれた釜野宏朗さん、編集者の傳智之さんと永山恵里さんの両氏に感謝いたします。

| カバーデザイン・本文デザイン／next door design |
| イラスト／釜野宏朗 |
| 本文DTP／株式会社BUCH+ |
| 担当／傳智之・永山恵里 |

【お問い合わせについて】

本書に関するご質問は、FAXか書面でお願いいたします。電話での直接のお問い合わせにはお答えできません。あらかじめご了承ください。下記のWebサイトでも質問用フォームを用意しておりますので、ご利用ください。

【問い合わせ先】

〒162-0846　東京都新宿区市谷左内町21-13
株式会社技術評論社　書籍編集部
「冒険で学ぶ はじめてのプログラミング」係
FAX：03-3513-6183
Web：http://gihyo.jp/book/2018/978-4-7741-9918-4

冒険で学ぶ
はじめてのプログラミング

2018年8月4日　初版　第1刷発行

著　者	鈴木　遼
発行者	片岡　巌
発行所	株式会社技術評論社
	東京都新宿区市谷左内町21-13
	電話　03-3513-6150　販売促進部
	03-3513-6166　書籍編集部
印刷・製本	株式会社加藤文明社

定価はカバーに表示してあります。
本書の一部または全部を著作権法の定める範囲を超え、無断で複写、複製、転載、テープ化、ファイルに落とすことを禁じます。

©2018　鈴木遼

造本には細心の注意を払っておりますが、万一、乱丁（ページの乱れ）や落丁（ページの抜け）がございましたら、小社販売促進部までお送りください。送料小社負担にてお取り替えいたします。

ISBN978-4-7741-9918-4　C3055
Printed in Japan